T0211374

Werkstofftechnische Berichte | Reports of Materials Science and Engineering

Reihe herausgegeben von

Frank Walther, Lehrstuhl für Werkstoffprüftechnik (WPT), TU Dortmund, Dortmund, Nordrhein-Westfalen, Deutschland

IIn den Werkstofftechnischen Berichten werden Ergebnisse aus Forschungsprojekten veröffentlicht, die am Lehrstuhl für Werkstoffprüftechnik (WPT) der Technischen Universität Dortmund in den Bereichen Materialwissenschaft und Werkstofftechnik sowie Mess- und Prüftechnik bearbeitet wurden. Die Forschungsergebnisse bilden eine zuverlässige Datenbasis für die Konstruktion, Fertigung und Überwachung von Hochleistungsprodukten für unterschiedliche wirtschaftliche Branchen. Die Arbeiten geben Einblick in wissenschaftliche und anwendungsorientierte Fragestellungen, mit dem Ziel, strukturelle Integrität durch Werkstoffverständnis unter Berücksichtigung von Ressourceneffizienz zu gewährleisten.

Optimierte Analyse-, Auswerte- und Inspektionsverfahren werden als Entscheidungshilfe bei der Werkstoffauswahl und -charakterisierung, Qualitätskontrolle und Bauteilüberwachung sowie Schadensanalyse genutzt. Neben der Werkstoffqualifizierung und Fertigungsprozessoptimierung gewinnen Maßnahmen des Structural Health Monitorings und der Lebensdauervorhersage an Bedeutung. Bewährte Techniken der Werkstoff- und Bauteilcharakterisierung werden weiterentwickelt und ergänzt, um den hohen Ansprüchen neuentwickelter Produktionsprozesse und Werkstoffsysteme gerecht zu werden.

Reports of Materials Science and Engineering aims at the publication of results of research projects carried out at the Chair of Materials Test Engineering (WPT) at TU Dortmund University in the fields of materials science and engineering as well as measurement and testing technologies. The research results contribute to a reliable database for the design, production and monitoring of high-performance products for different industries. The findings provide an insight to scientific and applied issues, targeted to achieve structural integrity based on materials understanding while considering resource efficiency.

Optimized analysis, evaluation and inspection techniques serve as decision guidance for material selection and characterization, quality control and component monitoring, and damage analysis. Apart from material qualification and production process optimization, activities concerning structural health monitoring and service life prediction are in focus. Established techniques for material and component characterization are aimed to be improved and completed, to match the high demands of novel production processes and material systems.

Felix Julian Stern

Systematische Bewertung des defektdominierten Ermüdungsverhaltens der additiv gefertigten austenitischen Stähle X2CrNiMo17-12-2 und X2CrNiMo18-15-3

Felix Julian Stern
Bochum, Deutschland

Felix Julian Stern
Veröffentlichung als Dissertation in der Fakultät Maschinenbau der Technischen
Universität Dortmund.
Promotionsort: Dortmund
Tag der mündlichen Prüfung: 21.11.2022
Vorsitzender: Priv.-Doz. Dr.-Ing. Dipl.-Inform. Andreas Zabel
Erstgutachter: Prof. Dr.-Ing. habil. Frank Walther
Zweitgutachter: Prof. Dr.-Ing. Jan T. Sehrt
Mitberichter: Prof. Dr.-Ing. Arne Röttger

ISSN 2524-4809   ISSN 2524-4817 (electronic)
Werkstofftechnische Berichte | Reports of Materials Science and Engineering
ISBN 978-3-658-41926-4   ISBN 978-3-658-41927-1 (eBook)
https://doi.org/10.1007/978-3-658-41927-1

Die Deutsche Nationalbibliothek verzeichnet diese Publikation in der Deutschen Nationalbiblio-
grafie; detaillierte bibliografische Daten sind im Internet über http://dnb.d-nb.de abrufbar.

Planung/Lektorat: Carina Reibold
Springer Vieweg ist ein Imprint der eingetragenen Gesellschaft Springer Fachmedien Wiesbaden
GmbH und ist ein Teil von Springer Nature.
Die Anschrift der Gesellschaft ist: Abraham-Lincoln-Str. 46, 65189 Wiesbaden, Germany

Geleitwort

Die Forschungsaktivitäten des Lehrstuhls für Werkstoffprüftechnik an der Technischen Universität Dortmund im Bereich der additiven Fertigung umfassen insbesondere die Charakterisierung des Ermüdungsverhaltens von metallischen Werkstoffen, die mittels pulverbettbasierter Verfahren hergestellt wurden. Die Untersuchungen fokussieren sich insbesondere auf den kritischen Einfluss prozessinduzierter Defekte, da diese unter zyklischer Belastung eine starke Reduzierung der Leistungsfähigkeit und Lebensdauer hervorrufen können. Aus diesem Grund ist eine systematische Bewertung des Einflusses dieser Defekte auf die Bauteileigenschaften ein zentraler Schwerpunkt der Untersuchungen in der Forschung aber auch in der Industrie.

In der vorliegenden Arbeit wird das defektdominierte Ermüdungsverhalten der zwei austenitischen Stähle X2CrNiMo17-12-2 und X2CrNiMo18-15-3 ausführlich charakterisiert. Durch die Verwendung eines systematischen Versuchsplans für den Stahl X2CrNiMo18-15-3 konnte durch das bewusste Einbringen von definierten Defekten der Einfluss ebendieser detailliert analysiert und mithilfe von bruchmechanischen Modellen interpretiert werden. Die bruchmechanischen Modelle wurden anschließend dazu verwendet, den Einfluss eines erhöhten Stickstoffgehalts im Stahl X2CrNiMo17-12-2 auf die Ermüdungseigenschaften zu charakterisieren. Die untersuchten Proben wiesen dabei eine erhöhte Anzahl an zufälligen, prozessbedingten Defekten, sodass auch ein Ansatz der Extremwert-Statistik Anwendung fand, um die mikrostrukturellen und fraktografischen Untersuchungen zu komplettieren. Zusätzlich wurden die Modelle erfolgreich zur Beschreibung des Korrosionsermüdungsverhaltens genutzt. Daraus resultierte sowohl für Ermüdungsversuche an Luft als auch im korrosiven Medium eine effiziente Herangehensweise, die es ermöglicht, defektgrößenspezifische Wöhler- bzw. Lebensdauerkurven bei gleichzeitig überschaubarem

Prüfumfang zu erzeugen. Dies spielt für die Akzeptanz von pulverbettbasiert-hergestellten Bauteilen eine wichtige Rolle, damit diese unter Ermüdungs- oder Korrosionsermüdungsbelastung zuverlässig eingesetzt werden können.

Dortmund   Frank Walther
März 2023

Vorwort

Während meiner Zeit am Lehrstuhl für Werkstoffprüftechnik (WPT) der Technischen Universität Dortmund entstand die vorliegende Dissertation unter der großartigen Betreuung von Prof. Dr.-Ing. habil. Frank Walther. In diesem Rahmen möchte ich mich herzlichst bei meinem Doktorvater bedanken. Herrn Prof. Dr.-Ing. Jan Sehrt danke ich für die Übernahme des Zweitgutachtens sowie Herrn. Prof. Dr.-Ing. Arne Röttger und Priv.-Doz. Dr.-Ing. Dipl.-Inform. Andreas Zabel für die Teilnahme als Beisitzer bzw. Leiter der Prüfungskommission.

Mein Dank gilt ebenso meinen Kollegen am Lehrstuhl, insbesondere der Gruppe Additive Fertigung, mit denen ich in den letzten Jahren diskutieren, publizieren, Kaffee trinken und auch neben der wissenschaftlichen Arbeit eine sehr schöne Zeit verbringen durfte. Mein besonderer Dank gilt meinem Bürokollegen Daniel Klemm, der auch nach meiner Zeit am WPT immer ein offenes Ohr für mich und meine Gedanken hat.

Ein Teil der Ergebnisse dieser Dissertation entstand im von der DFG geförderten Projekt „Mechanismenbasierte Bewertung des Einflusses der Pulverherstellung und Prozessparameter auf die Mikrostruktur und das Verformungsverhalten von SLM-verdichteten C+N-Stählen an Luft und in korrosiver Umgebung". In diesem Rahmen möchte ich mich nicht nur bei dem Fördergeber für die finanzielle Unterstützung, sondern auch bei den Projektpartnern am Leibniz-Institut für Werkstofforientierte Technologien in Bremen und am Lehrstuhl Werkstofftechnik der Ruhr-Universität Bochum bedanken. Hervorheben möchte ich die ausgezeichnete Zusammenarbeit mit Dr. Chengsong Cui, Dr.-Ing. Johannes Boes und M.Sc. Louis Becker.

Ebenso danke ich meinen studentischen Hilfskräften Jannik Riemann und Jonas Grabowski, die mich bei meinen Versuchen in den letzten Jahren tatkräftig und gewissenhaft unterstützt haben.

Zu guter Letzt bedanke ich mich bei meiner Familie, die mich immer bei meiner akademischen Laufbahn unterstützt hat, insbesondere meiner Oma Eva Knop, die mich immer dazu motiviert hat, zu promovieren. Meinem Ehemann Jörn danke ich für seine Unterstützung, sein Verständnis und jeden bisherigen und zukünftigen Tag, den wir gemeinsam verbringen. Die wissenschaftliche Arbeit hat mir immer ermöglicht, meinen Wissendurst nach Neuem und Unbekanntem zu besänftigen, weshalb ich mit folgendem Zitat das Vorwort abschließen möchte:

„Liest man, was alle anderen auch lesen, kann man auch nur das denken, was alle anderen denken."

Haruki Murakami, *1949

Bochum   Felix Julian Stern
Januar 2023

Kurzfassung

Die additive Fertigung gewinnt in den letzten Jahren eine immer größere Relevanz für die industrielle Anwendung. Aufgrund des einzigartigen Fertigungsprozesses sind Bauteile mit hochkomplexen Geometrien möglich, die ein enormes Leichtbaupotenzial aufweisen. Dies kann realisiert werden, indem Bauteile schichtweise aufgebaut werden und somit theoretisch keine Restriktionen bzgl. Hinterschneidungen oder Zugänglichkeit bestehen.

Für metallische Werkstoffe haben sich in den letzten Jahren zwei pulverbettbasierte Verfahren etabliert, die sich primär in der Energiequelle unterscheiden. Während das pulverbettbasierte Schmelzen mittels Elektronenstrahl noch ein gewisses Nischendasein pflegt, finden sich mittels Laserstrahl gefertigte Bauteile bereits in Autos, Flugzeugen oder anderen Industriezweigen. Die Vorteile liegen allerdings vornehmlich bei der Fertigung kleinerer Losgrößen und noch nicht in der Serienfertigung.

Aufgrund des hochdynamischen Prozesses mit kleinen Schmelzbädern und schnellen Abkühlraten entstehen neuartige Gefüge, die in ihren quasistatischen Eigenschaften häufig die Festigkeiten ihrer konventionell hergestellten Pendants übertreffen. Bei der Charakterisierung der Ermüdungseigenschaften zeigt sich demgegenüber allerdings, dass prozessbedingte Poren und Anbindungsfehler aufgrund ihrer Kerbwirkung schnell zu einem Versagen führen können. Das Wissen darüber, inwieweit diese Defekte die Ermüdungseigenschaften beeinflussen, ist für die Anwendung additiv gefertigter und belasteter Bauteile von enormer Wichtigkeit, um eine ausreichende Bauteilsicherheit zu gewährleisten.

Für Werkstoffe, die durch das pulverbettbasierte Schmelzen mittels Laserstrahl hergestellt oder verarbeitet wurden, existiert dieses Wissen noch nicht, wodurch ein reges Interesse bezüglich dieser Thematik sowohl in der Grundlagenforschung als auch in der Industrie besteht. Im Rahmen dieser Forschungsarbeit

wurden deshalb zwei austenitische CrNi-Stähle durch das pulverbettbasierte
Schmelzen mittels Laserstrahl verarbeitet und umfassend charakterisiert. Dabei
wurden zwei Themenschwerpunkte gelegt, die beide die Charakterisierung des
defektdominierten Ermüdungsverhaltens als Grundlage haben. Für den austenitischen Stahl X2CrNiMo18-15-3 wurden Proben gefertigt, die entweder annähernd
keine prozessbedingten Defekte oder aber Defekte mit einer definierten Größe,
Form und Position aufweisen. Dadurch war eine systematische Bewertung des
Defekteinflusses auf die Ermüdungsfestigkeit und Lebensdauer möglich, indem
zwei bruchmechanische Modelle verwendet wurden, die das Vorhandensein von
Defekten berücksichtigen und eine Beschreibung des Ermüdungsverhaltens in
Abhängigkeit von Defektgröße, -form und -position erlauben. Gleichzeitig war
aufgrund der klar definierten Defekte eine Validierung der Modelle möglich, die
bisher nur mittels künstlich eingebrachter Kerben an der Oberfläche oder auf
Basis von zufällig erzeugten Defekten ohne Kontrolle über die geometrischen
Eigenschaften möglich war. Die Ergebnisse zeigen, dass das Ermüdungsverhalten durch die künstlich eingebrachten Defekte reproduzierbar beeinflusst werden
kann. Gleichzeitig konnte festgestellt werden, dass deutlich kleinere, prozessbedingte Defekte an der Oberfläche kritischer zu bewerten sind als größere Defekte
im Probeninneren. Bei der Bauteilauslegung sollte deshalb primär berücksichtigt werden, dass keine Oberflächendefekte vorliegen, während innere Defekte
für den untersuchten Stahl als deutlich unkritischer eingeordnet werden können.
Die modellbasierte Beschreibung des Ermüdungsverhaltens und der Übergang des
Versagensorts können mithilfe der angewendeten Modelle erfolgreich dargestellt
werden und darauf aufbauend können defektgrößenabhängige Wöhler-Kurven
berechnet werden.

Im zweiten Teil dieser Arbeit wurde am austenitischen Stahl X2CrNiMo17-
12-2 untersucht, ob die Defekttoleranz unter Ermüdungs- und Korrosionsermüdungsbelastung gesteigert werden kann, indem der Stickstoffgehalt des
Ausgangspulvers für die Prozessbedingungen des pulverbettbasierten Schmelzens
mittels Laserstrahl optimal angepasst wurde. Dabei wurde darauf geachtet, dass es
zu keinen Ausgasprozessen kommt. Wie bereits bekannt, führt der erhöhte Stickstoffgehalt zu einer Mischkristallverfestigung des Stahls und bewirkt gleichzeitig
eine höhere Beständigkeit gegenüber Loch- und Spaltkorrosion. Die Ergebnisse
bestätigten, dass eine Erhöhung des Stickstoffgehalts zu besseren mechanischen
Eigenschaften führt, wodurch sowohl das Ermüdungsverhalten an Luft als auch in
korrosivem Medium positiv beeinflusst wurde. Gleichzeitig konnten elektrochemische und fraktografische Untersuchungen in Verbindung mit den im ersten Teil
der Arbeit verwendeten Modellen genutzt werden, um den Einfluss der Defekte

und der überlagerten Korrosion voneinander zu separieren, um diese unabhängig voneinander bewerten zu können.

Diese Arbeit bietet somit zum einen die Grundlage, das defektdominierte Ermüdungsverhalten von additiv gefertigten Werkstoffen zu charakterisieren, indem bewusst künstliche Defekte eingebracht werden. Dieser Ansatz sollte sowohl unabhängig vom Fertigungsverfahren als auch vom Werkstoff umsetzbar sein. Zum anderen konnte gezeigt werden, dass die Defekttoleranz eines austenitischen Stahls sowohl an Luft als auch in korrosivem Medium mithilfe eines erhöhten Stickstoffgehalts verbessert werden kann. Die angewendeten Analyseverfahren und bruchmechanischen Ansätze ermöglichen zusätzlich eine Separierung der Versagensmechanismen, die entweder auf vorhandene Defekte oder auf die Korrosion zurückgeführt werden können.

Abstract

In recent years, additive manufacturing has gained an increased relevance for industrial applications. Due to the unique manufacturing process, it is possible to realize parts with high complexity providing an enormous boost to the lightweight potential. This can be achieved by building parts layer-by-layer with no significant restrictions concerning undercuts or accessibility.

Two manufacturing techniques have been established for metallic materials, which mainly differ in their energy source. Whereas electron beam powder bed fusion is still living a niche existence, laser powder bed fusion is already utilized to manufacture highly loaded parts for automotive, aerospace, or other industrial applications. However, the benefit of this technique still lies within small batch sizes.

The highly dynamic process with small melt pools, high energy densities, and, thus, high cooling rates creates new microstructures. Those often outperform their conventionally manufactured counterparts in terms of mechanical quasistatic strength. Nevertheless, there is still a big challenge to overcome when looking at the mechanical properties under cyclic loading. The fatigue properties are significantly influenced by process-induced pores and defects or the qualitatively poor as-built surface. As those defects act as notches, they can lead to crack-initiation and early failure of the part. Based on that, there is still a lack of knowledge about the effects of defects to allow a safe component design.

This work aims to close this gap by investigating two austenitic stainless steels (X2CrNiMo18-15-3, AISI 316LVM, and X2CrNiMo17-12-2, AISI 316L), which were manufactured by laser powder bed fusion and consequently characterized. Two different topics were investigated, aiming to understand the defect-dominated fatigue behavior. The steel X2CrNiMo18-15-3 specimens were manufactured with either no intended defects or deterministic defects for which the size, shape, and position were precisely defined beforehand. By that, a systematic investigation of the effects of defects on the fatigue behavior, taking into account their geometric characteristics, was intended. This was accompanied by applying two different defect-based fracture-mechanical models to estimate the fatigue behavior, which consider the size and position of the crack-initiating defects.

Additionally, these models could be validated as in the past only artificial surface defects or randomly distributed internal defects could be used for this. The results show that the deterministic defects can reproducibly influence the fatigue behavior. At the same time, it could be verified that process-induced surface defects with much smaller sizes are more critical as they cause failure instead of the more significant internal defects. This should be considered during component design to focus on preventing surface defects instead of reducing the internal porosity, as they are far more critical under fatigue. The applied models allow us to consider this aspect and can be used to calculate defect-size-dependent Woehler-curves.

In the second part of this work, the defect tolerance of the austenitic stainless steel X2CrNiMo17-12-2 was investigated. Increasing the nitrogen content in the steel was aimed to improve not only the fatigue but also the corrosion fatigue behavior, as nitrogen is known to improve the strength of austenitic steels by solid solution strengthening and further increasing resistance against pitting and crevice corrosion. The nitrogen is induced by nitriding the starting powder of the steel, and the nitrogen content is adjusted so that no degassing is expected during the manufacturing process. By increasing the nitrogen content in the steel X2CrNiMo17-12-2, the quasistatic strength, fatigue behavior, and corrosion fatigue behavior could be improved. Electrochemical in-situ measurements and fractographic analysis combined with the defect-based models from the first part of this work were successfully used to separate the effects of defects and corrosion by characterizing both independently.

This work offers a systematic approach to characterizing the effect of defects concerning the damage tolerance of the investigated additively manufactured material by investigating specimens with deterministic defects. This approach is expected to be independent from the manufacturing process or the used material. Additionally, it could be shown that the increase of nitrogen increases the defect tolerance not only under fatigue but also under corrosion fatigue conditions. The applied fracture-mechanical models allow for the differentiation between the occurring mechanisms caused by either defects or corrosion.

Formelzeichenverzeichnis

Lateinische Symbole

Formelzeichen	Bezeichnung	Einheit
a	Risslänge	m
a_0	Anfangsrisslänge	m
$\sqrt{\text{area}}$	Defektgröße auf Basis der Quadratwurzel der Fläche des auf die Ebene senkrecht zur maximal wirkenden Spannung projizierten Defekts	m / μm
$\sqrt{\text{area}}_{CAD}$	Durch CAD vorgegebene Defektgröße	μm
$\sqrt{\text{area}}_{CT}$	Mittels CT bestimmte Defektgröße	μm
$\sqrt{\text{area}}_{GBF}$	Größe der GBF	μm
A	Mittels μCT bestimmte Defektoberfläche	μm^2
b	Ermüdungsfestigkeitsexponent	–
c	Werkstoffparameter nach Coffin und Manson	–
c	Stoffmengenkonzentration	mol/l
C_M	Parameter zur Beschreibung der Bruchlastspielzahl nach Murakami	–
C_P	Werkstoffparameter zur Beschreibung des Risswachstumsverhaltens nach Paris	–
C_S	Parameter zur Beschreibung des Risswachstumsverhaltens nach Shiozawa	–
$Cr_{äq}$	Chromäquivalent	Gew.-%
d	Mittlere Korngröße	mm

d	Durchmesser	mm
d_{50}	Mittlerer Partikeldurchmesser	μm
da/dN	Risswachstumsrate	mm/Lastspiel
d_p	Partikeldurchmesser	μm
d_S	Schichtdicke	μm
E	Elastizitätsmodul	GPa
E_v	Volumenenergiedichte	J/mm^3
f	Prüffrequenz	Hz
F	Kraft	N
F_{max}	Maximale Prüfkraft	kN
h	Hatchabstand	μm
HV10	Härte nach Vickers bei F = 98,07 N	kp/mm^2
i	Probennummer in aufsteigender Reihenfolge	–
k_y	Korngrenzenwiderstand	MPa$\sqrt{}$mm
l	Länge	mm
l_0	Ausgangsmesslänge	mm
M_{d30}	Martensitdeformationstemperatur, bei der infolge 30%iger Verformung 50 % α'-Martensit gebildet wird	°C
m_M	Parameter zur Beschreibung der Bruchlastspielzahl nach Murakami	–
m_p	Werkstoffparameter zur Beschreibung des Risswachstumsverhaltens nach Paris	–
m_S	Parameter zur Beschreibung des Risswachstumsverhaltens nach Shiozawa	–
n	Probenanzahl	–
N	Lastspielzahl	–
N_B	Bruchlastspielzahl	–
$N_B/\sqrt{}$area	Defektgrößenspezifische Bruchlastspielzahl	1/m
$N_{B,Mura}$	Abgeschätzte Bruchlastspielzahl auf Basis des Modells nach Murakami	–
$N_{B,Shio}$	Abgeschätzte Bruchlastspielzahl auf Basis des Modells nach Shiozawa	–
N_G	Grenzlastspielzahl	–
$Ni_{äq}$	Nickeläquivalent	Gew.-%
$p(N_2)$	Stickstoffpartialdruck	bar

pH	Negativer dekadischer Logarithmus der Oxoniumionen-Konzentration	–
P	Leistung	W
P	Kumulative Wahrscheinlichkeit	–
Pü	Überlebenswahrscheinlichkeit	–
R	Spannungsverhältnis	–
R^2	Bestimmtheitsmaß	–
R_m	Zugfestigkeit	MPa
$R_{p0,2}$	0,2%-Dehngrenze	MPa
R_Z	Gemittelte Rautiefe	μm
S	Sphärizität	–
t	Haltedauer	h
t	Zeit	h
T	Temperatur	°C
U	Beschleunigungsspannung	kV
U_F	Freies Korrosionspotenzial gg. Ag/ AgCl-Elektrode	mV
v	Scangeschwindigkeit	mm/s
V	Mittels μCT bestimmtes Defektvolumen	μm^3
Y_1	Vorfaktor zur Berechnung des SIF nach Murakami	–
Y_2	Vorfaktor zur Berechnung von σ_w nach Murakami	–

Griechische Symbole

Formelzeichen	Bezeichnung	Einheit
α	Korrekturexponent zur Berücksichtigung von R für das Modell nach Murakami	–
α-Fe	Kubisch-raumzentrierter Ferrit	
α'-Fe	Kubisch-raumzentrierter Martensit	
δ	Lageparameter der Gumbel-Verteilung	μm
δ-Fe	Kubisch-raumzentrierter Ferrit	
ΔHV	Härteunterschied	HV10

ΔK	Spannungsintensitätsfaktor unter zyklischer Belastung	$MPa\sqrt{m}$
ΔK_{max}	Spannungsintensitätsfaktor unter zyklischer Belastung bei R = 0,1	$MPa\sqrt{m}$
ΔK_{th}	Schwellwert des Spannungsintensitätsfaktors	$MPa\sqrt{m}$
ΔN	Stufenlänge im MSV	−
$\Delta \sigma$	Spannungsschwingbreite	MPa
$\Delta \sigma$	Stufenhöhe im MSV	MPa
$\Delta \sigma_a$	Stufenhöhe der Spannungsamplitude im MSV	MPa
$\Delta \sigma_{max}$	Stufenhöhe der Oberspannung im MSV	MPa
ΔU_F	Änderung des freien Korrosionspotenzials	mV
$\varepsilon_{a,p}$	Plastische Dehnungsamplitude	‰
$\varepsilon_{a,t}$	Totaldehnungsamplitude	%
ε_t	Totaldehnung	%
λ	Skalenparameter der Gumbel-Verteilung	μm
σ	Spannung	MPa
σ_a	Spannungsamplitude	MPa
$\sigma_{a,start}$	Spannungsamplitude der ersten Stufe im MSV	MPa
σ_{max}	Oberspannung	MPa
$\sigma_{max,start}$	Oberspannung der ersten Stufe im MSV	MPa
σ_0	Startspannung zur Versetzungsbewegung	MPa
σ_w	Ermüdungsfestigkeit nach Murakami	MPa
$\sigma_{w0,1}$	Ermüdungsfestigkeit nach Murakami bei R = 0,1	MPa
$\sigma`_f$	Ermüdungsfestigkeitskoeffizient	MPa
$\sigma_{w,50\%}$	Ermüdungsfestigkeit nach Murakami für eine Überlebenswahrscheinlichkeit von Pü = 50 %	MPa
φ	Umformgrad	%

Inhaltsverzeichnis

Abkürzungsverzeichnis

μCT	Mikrofokus-Computertomografie
2D	Zweidimensional
3D	Dreidimensional
AISI	engl. American Iron and Steel Institute
AM	Additive Fertigung (engl. Additive Manufacturing)
ASTM	engl. American Society for Testing and Materials
C	Keramischer Werkstoff
CAD	Rechnerunterstütztes Konstruieren (engl. Computer-Aided Design)
cP	Verbundwerkstoff (engl. Composite Material)
DED	Materialauftrag mit gerichteter Energieeinbringung (engl. Directed Energy Deposition)
DESU	Druck-Elektroschlacke-Umschmelzen
DFG	Deutsche Forschungsgemeinschaft
DIN	Deutsches Institut für Normung
DL	Durchläufer
DMLS	Direct Metal Laser Sintering
EB	Elektronenstrahl (engl. Electron Beam)
EBSD	Elektronenrückstreubeugung (engl. Electron Backscatter Diffraction)
ELC	Sehr niedriger Kohlenstoffgehalt (engl. Extra Low Carbon)
EN	Europäische Norm
ESV	Einstufenversuch
FEM	Finite-Elemente-Methode
GBF	Granular helle Facette (engl. Granular Bright Facet)
HCF	engl. High Cycle Fatigue
HNS	Hochstickstoffhaltiger Stahl (engl. High Nitrogen Steel)
HV	Härte nach Vickers

IPF	Inverse Polfigur
IrL	Infrarotlicht
ISO	Internationale Organisation für Normung
ITER	engl. International Thermonuclear Experimental Reactor
IWT	Leibniz-Institut für Werkstofforientierte Technologien
JIS	engl. Japan Industrial Standard
kfz	Kubisch-flächenzentriert
LB	Laserstrahl (engl. Laser Beam)
LCF	engl. Low Cycle Fatigue
LoF	Anbindungsfehler (engl. Lack of Fusion)
LWT	Lehrstuhl Werkstofftechnologie
M	Metallischer Werkstoff
MKV	Mischkristallverfestigung
MSV	Mehrstufenversuch
P	Polymerwerkstoff
PBF	Pulverbettbasiertes Schmelzen (engl. Powder Bed Fusion)
PREN	Wirksumme (engl. Pitting Resistance Equivalent Number)
REM	Rasterelektronenmikroskop
ROI	engl. Region of Interest
RT	Raumtemperatur
RUB	Ruhr-Universität Bochum
SE	Sekundärelektronen
SFE	Stapelfehlerenergie
SIF	Spannungsintensitätsfaktor
SLM	engl. Selective Laser Melting
SpRK	Spannungsrisskorrosion
TEM	Transmissionselektronenmikroskopie
VDI	Verein Deutscher Ingenieure
VHCF	engl. Very High Cycle Fatigue
WAAM	Drahtbasiertes Lichtbogenauftragsschweißen (engl. Wire and Arc Additive Manufacturing)
WPT	Lehrstuhl für Werkstoffprüftechnik

Abbildungsverzeichnis

Tabellenverzeichnis

Einleitung und Zielsetzung

1

Die additive Fertigung (AM, engl. Additive Manufacturing) hat in den letzten Jahrzehnten insbesondere in der Luft- und Raumfahrt, aber auch in der Automobilindustrie immer mehr an Relevanz gewonnen. Die unterschiedlichen AM-Verfahren bieten durch den schichtweisen Aufbau von Bauteilen eine beinahe unbegrenzte Designfreiheit, die die Umsetzung von topologieoptimierten Bauteilen, hochkomplexen Zellstrukturen, individuell angepassten Prothesen oder Funktionsintegration in Form von konturnahen Kühlkanälen ermöglichen. Damit einher gehen zusätzlich Aspekte, die insbesondere im Rahmen der aktuellen Diskussion zum Klimawandel an Relevanz gewinnen. Stichpunkte sind hier Ressourceneffizienz, Gewichtsreduzierung und damit verbundene Kraftstoff- und somit CO_2-Einsparung sowie eine schnelle und bedarfsgesteuerte Produktion (engl. Manufacturing on Demand).

Demgegenüber stehen allerdings prozessbedingte Hindernisse, die einer vollständigen Akzeptanz des Verfahrens in der Industrie entgegenstehen. Zu nennen sind nicht nur die Investitionskosten für entsprechende Fertigungssysteme, sondern auch die Verfügbarkeit des Ausgangsmaterials (Pulver, Drähte, Filamente, etc.), die Verfügbarkeit von bestimmten Legierungen oder Werkstoffklassen, eine schlechte Oberflächenqualität, prozessbedingte Defekte und das bisher nur unzureichend vorhandene Wissen über die sich durch den Prozess einstellenden Eigenschaften des Bauteils. Insbesondere das fehlende Wissen über den Einfluss prozessbedingter Defekte auf die mechanischen und die Ermüdungseigenschaften schränken eine breite Verwendung von AM-Bauteilen in hochbelasteten bzw. sicherheitskritischen Bereichen ein.

© Der/die Autor(en), exklusiv lizenziert an Springer Fachmedien Wiesbaden GmbH, ein Teil von Springer Nature 2023
F. J. Stern, *Systematische Bewertung des defektdominierten Ermüdungsverhaltens der additiv gefertigten austenitischen Stähle X2CrNiMo17-12-2 und X2CrNiMo18-15-3*, Werkstofftechnische Berichte | Reports of Materials Science and Engineering, https://doi.org/10.1007/978-3-658-41927-1_1

Zur Charakterisierung des Ermüdungsverhaltens werden heutzutage immer noch eine Vielzahl an Versuchen durchgeführt, um eine statistische Absicherung über die Ermüdungseigenschaften zu erhalten, was nicht nur mit hohem Material- sondern auch Zeit- und Kostenaufwand verbunden ist. Da zusätzlich prozessbedingt Defekte mit unterschiedlicher Form, Größe oder Position in AM Bauteilen vorliegen, werden die Ergebnisse derart beeinflusst, dass es zu einer großen Streuung von Kennwerten kommt. Dadurch wird eine Charakterisierung des eigentlichen Werkstoffermüdungsverhaltens sowie eine Bewertung der Toleranz gegenüber diesen prozessbedingten Defekten erschwert.

Zur Bewertung des defektdominierten Ermüdungsverhaltens existieren bruchmechanische Modelle, die auf Basis von Werkstoffkennwerten und Informationen über die Position und Größe von bruchauslösenden Defekten eine Abschätzung der Ermüdungsfestigkeit oder der Bruchlastspielzahl ermöglichen. Die Anwendbarkeit dieser Modelle konnte bereits an einer Vielzahl von konventionell hergestellten Werkstoffen gezeigt werden. Erste Untersuchungen zu diesem Thema deuten darauf hin, dass dies auch der Fall für mittels AM prozessierter Werkstoffe ist. Da bisher aber vornehmlich der Einfluss von prozessbedingten, willkürlichen Defekten mit zufälliger Größe und Form untersucht wurde, scheint die AM hier eine Möglichkeit zu bieten, einen systematischeren Ansatz zu verfolgen.

Das für metallische Werkstoffe am häufigsten verwendete Verfahren des pulverbasierten Schmelzens mittels Laserstrahl (PBF-LB/M, engl. Laser Beam Powder Bed Fusion of Metals) kann nicht nur dazu verwendet werden, komplexe metallische Bauteile herzustellen, sondern auch, um die Wissenslücke bzgl. des Einflusses von prozessbedingten Defekten auf das Ermüdungsverhalten zu schließen. Aus diesem Grund werden im ersten Teil dieser Arbeit in Zusammenarbeit mit dem Institut für Produkt Engineering der Universität Duisburg-Essen Proben aus dem austenitischen Stahl X2CrNi18–15-3 (1.4441, AISI 316LVM) untersucht, in deren Inneren mittels PBF-LB bewusst Defekte mit definierter Form, Größe und Position erzeugt wurden. Durch Anwendung der Mikrofokus-Computertomografie (μCT) wird vor Versuchsdurchführung untersucht, ob eine präzise Positionierung dieser Defekte möglich ist und die resultierende Defektgröße und -form den Vorgaben entspricht. Auf dieser Basis werden anschließend Ermüdungsversuche durchgeführt und die Ergebnisse mittels defektbasierter, bruchmechanischer Modelle ausgewertet. Das Ziel bei einer zufriedenstellenden Übereinstimmung der experimentellen mit den modellbasierten Daten soll sein, eine Methode zu etablieren, die es ermöglicht, den Einfluss von Defekten auf das Ermüdungsverhalten unabhängig vom Werkstoff oder sogar vom AM-Verfahren effizient und effektiv zu charakterisieren.

Im zweiten Teil dieser Arbeit wird im Rahmen eines von der Deutschen Forschungsgemeinschaft (DFG) geförderten Gemeinschaftsprojekts (Projektnr. 372290567; WA 1672/31–2; TH 531/20–2; UH 77/12–2) am Leibniz-Institut für Werkstofforientierte Technologien (IWT) in Bremen mittels PBF-LB Proben aus X2CrNiMo17-12-2 (1.4404, AISI 316L) gefertigt. Das dafür verwendete Pulver wurde im Vorhinein am Lehrstuhl Werkstofftechnik (LWT) der Ruhr-Universität Bochum (RUB) mit einem erhöhten Stickstoffgehalt versehen. Stickstoff gilt als hervorragendes Legierungselement in austenitischen Stählen, um eine Festigkeitssteigerung durch Mischkristallverfestigung zu erreichen und gleichzeitig den Widerstand gegen die wichtigsten Korrosionsmechanismen zu verbessern. Dabei soll untersucht werden, ob eine Verarbeitung mittels PBF-LB zu einer erwartungsgemäßen Verbesserung der Eigenschaften führt.

Zu diesem Zweck werden zwei Probenzustände mit niedrigem und hohen Stickstoffgehalt erzeugt, die dazu verwendet werden, Ermüdungsversuche an Luft und in 3,5%iger NaCl-Lösung durchzuführen, um den Einfluss des Stickstoffgehalts auf die sich einstellenden mechanischen und korrosiven Eigenschaften bewerten zu können. Die Ergebnisse werden mit den Erkenntnissen aus den fraktografischen Untersuchungen sowie elektrochemischen in-situ Messungen korreliert. Da auch hier von einem defektdominierten Verhalten ausgegangen werden muss, erfolgt auf Basis der im ersten Teil der Arbeit verwendeten defektbasierten Modelle eine Separierung der defekt- und korrosionsbedingten Mechanismen. Die so erhaltene Auswertung ermöglicht es, das verbesserte Korrosionsermüdungsverhalten des Stahls mit erhöhtem N-Gehalt zu bewerten.

Die Ergebnisse und Erkenntnisse dieser Arbeit sollen es ermöglichen, eine um den Einfluss der Defekte korrigierte Beschreibung des Werkstoffverhaltens unter zyklischer Belastung zu generieren, sodass trotz des Vorhandenseins von prozessbedingten ungewollten Defekten in PBF-LB Werkstoffen ein Vergleich der Defekttoleranz und eine Bewertung der Auswirkung von Defekten auf die Ermüdungsfestigkeit oder Bruchlastspielzahl möglich ist. Gleichzeitig soll gezeigt werden, dass durch die Einstellung eines entsprechenden Stickstoffgehalts eine Beeinflussung der Defekttoleranz möglich ist. Abschließend wird eine Kombination von modellbasierter Beschreibung des Ermüdungsverhaltens auf Basis der Extremwertstatistik durchgeführt, wodurch eine statistische Abschätzung der Ermüdungsfestigkeit erreicht werden soll.

Grundlagen und Stand der Technik 2

2.1 Additive Fertigung

Die AM von metallischen Werkstoffen gilt als eines der Herstellungsverfahren mit enormem Potenzial in den nächsten Jahren und Jahrzehnten aufgrund der einzigartigen Vorteile dieser Technik. Die industriell relevanten AM-Verfahren, als Gegenpart zu subtraktiven, also abtragenden Fertigungsverfahren, verwenden als Ausgangsmaterial entweder Pulver oder Drähte. Dieses wird mittels Energieeintrag lokal aufgeschmolzen, um so kontinuierlich ein Bauteil aufzubauen.

Der wichtigste Vorteil, der sich daraus ergibt, findet sich in einer hohen Designfreiheit, die mit einem enormen Leichtbaupotenzial verknüpft ist. Durch den kontinuierlichen, schichtweisen Aufbau fallen viele Restriktionen weg, die bei der spanenden Fertigung oder in Gussformen berücksichtigt werden müssen. Darunter zählen u. a. die Vermeidung von Hinterschnitten, ein notwendiger Formenbau oder die Zugänglichkeit des Werkzeugs beim Dreh- oder Fräsprozess. Die in den letzten Jahren geforderten Reduktionen von CO_2-Emissionen können auf diese Weise durch topologieoptimierte oder bionische Bauteile und damit verbundener Gewichtsreduktion erreicht werden. Gleichzeitig weist die AM eine deutlich bessere Ressourceneffizienz im Vergleich mit subtraktiven Verfahren auf, da das im Prozess verwendete Ausgangsmaterial nur dort verarbeitet wird, wo auch das Bauteil entsteht. Überschuss in Form von unaufgeschmolzenem Material kann häufig ohne großen Aufwand wiederverwendet werden. Im Zusammenhang mit der AM werden auch oft patientenoptimierte Implantate (Stichwort Personalisierung) oder generell Bauteile mit einem hohen Maß an Individualisierung genannt. Ebenso ermöglicht die AM die Herstellung von Bauteilen mit bereits integrierten

F. J. Stern, *Systematische Bewertung des defektdominierten Ermüdungsverhaltens der additiv gefertigten austenitischen Stähle X2CrNiMo17-12-2 und X2CrNiMo18-15-3*, Werkstofftechnische Berichte | Reports of Materials Science and Engineering, https://doi.org/10.1007/978-3-658-41927-1_2

Funktionsteilen. Als Beispiel dafür kann die Integration von konturnahen Kühlkanälen, aber auch die Fertigung von Federn oder Scharnieren genannt werden,
wodurch Montageschritte minimiert und die Fertigungsdauer und -kosten in der
Produktion reduziert werden können. [1]

Dabei spielen vor allem die wirtschaftlichen Faktoren eine tragende Rolle,
da Prognosen von einem geschätzten weltweiten Marktvolumen der AM von
bis zu 7,7 Mrd. € in 2023 ausgehen (2012: 1,7 Mrd. €) [2]. Entscheidenden
Anteil daran haben die Luft- und Raumfahrtindustrie, die Medizintechnik und
die Automobilbranche. Allein für die Luft- und Raumfahrtindustrie wird ein
Marktvolumen von 9,6 Mrd. € für 2030 prognostiziert (2015: 0,43 Mrd. €).
Damit einher geht nicht nur eine hohe Nachfrage nach entsprechenden Fer-
tigungssystemen, sondern auch nach verfügbaren, für den Prozess geeigneten
Werkstoffen.

Eine Übersicht über die AM, die Besonderheiten und daraus resultierenden
Eigenschaften mit Fokus auf die Verarbeitung von metallischen und insbesondere
austenitischen CrNi-Stählen sollen die folgenden Unterkapitel geben.

2.1.1   Pulverbasierte additive Fertigung mittels Laserstrahl

Für die Verarbeitung von metallischen Legierungen hat sich in den letzten Jahren
neben den auftragenden AM Verfahren wie dem Materialauftrag mit gerichteter
Energieeinbringung (DED, engl. Directed Energy Deposition), das pulverbettbasierte Schmelzen (PBF, engl. Powder Bed Fusion) etabliert. Zu den auftragenden
Verfahren zählen unter anderem das Laserauftragsschweißen oder das Lichtbogenauftragsschweißen. Die pulverbettbasierten Verfahren können gem. DIN EN
ISO 17296-2 [3] und DIN EN ISO ASTM 52900:2021 [4] in Abhängigkeit
der verwendeten Energiequelle in laserbasiert (-LB, engl. Laser Beam), elektro-
nenstrahlbasiert (-EB, engl. Electron Beam) und thermisch mittels Infrarotlicht
(-IrL) klassifiziert werden. Eine weitere Unterscheidung kann auf Grundlage
des Grundtyps von Material, das mithilfe des jeweiligen Verfahrens verarbeitet wird, erfolgen. Differenziert wird zwischen metallischen Werkstoffen (M),
Polymerwerkstoffen (P), keramischen Werkstoffen (C, engl. Ceramic) und Ver-
bundwerkstoffen (Cp, engl. Composite Materials). Die mit den unterschiedlichen
AM Verfahren verbundene Terminologie unterlag in den letzten Jahren mehreren
Änderungen, wobei inzwischen durch die beiden Normen die Einführung von
einheitlichen Definitionen erfolgt ist. Das in dieser Arbeit angewandte Verfahren
PBF-LB/M, also das pulverbettbasierte Schmelzen eines metallischen Werkstoffs

mittels Laserstrahl, umfasst somit auch andere Namen bzw. Herstellerbezeichnungen dieses Prozesses, wie SLM (Selective Laser Melting, SLM Solutions), DMLS (Direct Metal Laser Sintering, Fa. EOS), Laser Cusing (Fa. Concept Laser) oder Laser Metal Fusion (Fa. Trumpf). Zur besseren Lesbarkeit und wegen des Fokus dieser Arbeit auf den Werkstoff Stahl wird auf die Angabe „/M" im Folgenden verzichtet.

Das PBF-LB Verfahren kennzeichnet sich durch den in Abbildung 2.1 gezeigten grundlegenden Aufbau aus. Im Bauraum befinden sich neben der Bauplattform zusätzlich ein Pulverreservoir, ein Pulverbeschickungssystem und ein Auslass zur Einströmung des Prozess- bzw. Schutzgases. Bauteile werden auf Basis von CAD-Daten (rechnerunterstütztes Konstruieren, engl. Computer-Aided Design) erzeugt, anschließend in ein sog. STL-Format überführt und digital in ein aus einzelnen Schichten (engl. Slices) bestehendes Schichtmodell aufgeteilt. Diese Schichten entsprechen den späteren Fertigungsschichten im Prozess. Durch das Pulverbeschickungssystem wird eine erste Schicht an Pulver gleichmäßig auf der Bauplattform aufgetragen und anschließend mit der verwendeten Energiequelle lokal entsprechend der CAD-Vorgabe auf- und mit der darunter befindlichen Schicht verschmolzen [1], indem mittels eines Linsensystems der Laserstrahl fokussiert über das Pulverbett geführt wird.

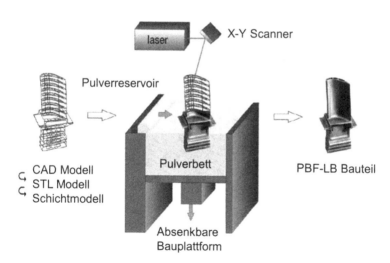

Abbildung 2.1 Schematischer Aufbau des PBF-LB Prozesses; adaptiert nach [5] (CC BY 3.0)

Anschließend wird die Bauplattform um eine Schichtdicke d_S [mm] abgesenkt und erneut eine Pulverschicht aufgetragen und diese in definierten Bereichen aufgeschmolzen. Durch kontinuierliche Wiederholung dieser Prozessschritte wird das Bauteil sukzessive aufgebaut. Nach Beendigung des Baujobs kann die Bauplattform entnommen und das Bauteil mittels Sägen oder Erodieren davon getrennt werden. Weitere Prozessschritte umfassen die Entfernung von möglicherweise notwendigen Stützstrukturen sowie Sandstrahlen zum Ablösen von Pulverpartikeln oder Schleif- oder Polierprozesse, um die Oberflächenqualität zu verbessern. Ebenfalls kann eine Wärmebehandlung erfolgen, um z. B. thermische Eigenspannungen durch Spannungsarmglühen abzubauen.

In Abbildung 2.2 ist schematisch dargestellt, wie genau das schichtweise Verschmelzen des Pulverbetts stattfindet. Während der Aufschmelzung des Pulvers in Form eines Schmelzbads kommt es ebenfalls zum Anschmelzen von benachbarten sowie von darunterliegenden bereits erstarrten Bereichen. Der Abstand zweier benachbarter Schmelzspuren wird auch als Hatch-Abstand h [mm] bezeichnet. Auf diese Weise kommt es zur Ausbildung einer schmelzmetallurgischen Verbindung, die letztendlich zum fertigen Bauteil führt [6]. Die Bauteilerzeugung erfolgt somit zuerst schichtweise in der XY-Ebene und anschließend entsprechend der Schichtdicke d_S in Fertigungsrichtung Z.

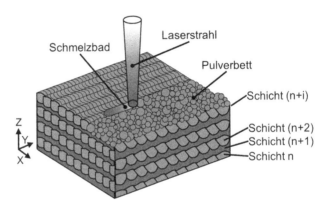

Abbildung 2.2 Schematische Darstellung des schichtweisen Aufbaus eines Bauteils mittels PBF-LB Prozess; adaptiert nach [6]

Weitere relevante Prozessparameter sind die Laserleistung P [W] und die Scangeschwindigkeit v [mm/s], auf deren Basis die Volumenenergiedichte E_v [J/mm^3] berechnet werden kann, Gl. 2.1, die einen Vergleich von Prozessparametern bzw.

Energieeintrag ermöglicht.

$$E_v = \frac{P}{v \cdot h \cdot d_S}$$ (Gl. 2.1)

Das Ausgangsmaterial ist vorwiegend ein vorlegiertes Pulver, das je nach Vorgabe des Fertigungssystemherstellers gewisse Anforderungen erfüllen muss. Primär müssen die Pulverpartikel in einer gewissen Größenverteilung vorliegen. Häufig werden hier Größenordnungen von 10–45 μm oder 20–63 μm von den Systemherstellern vorgegeben. Allgemein wird auch von Partikeldurchmessern im Bereich 10–75 μm gesprochen [1]. Die Partikelgrößenverteilung soll sicherstellen, dass eine gleichmäßige und dichte Verteilung der Pulverpartikel in jeder Schicht erfolgen kann, um die Bauteilqualität nicht negativ zu beeinflussen.

Zur Verhinderung von Oxidationsvorgängen findet der Prozess unter Schutzgasatmosphäre statt. Die häufigsten Gase sind Argon und Stickstoff. Seltener finden Untersuchungen unter Helium- oder Wasserstoffatmosphäre statt [7].

2.1.2 Stähle in der additiven Fertigung

Im Bereich der metallischen Werkstoffe sind in den letzten Jahren vornehmlich Aluminium- und Titanlegierungen (AlSi10Mg, AlSi12, TiAl6V4) und der Stahl X2CrNiMo17-12-2 (AISI 316L, DIN 1.4404) mittels PBF-LB verarbeitet und untersucht worden. Eine gute Übersicht über diese Ergebnisse bieten verschiedene Übersichtsartikel z. B. von Herzog et al. [8] oder Seifi et al. [9].

Bauteile aus diesen Legierungen können insbesondere wegen ihrer robusten Verarbeitbarkeit aufgrund der guten Schweißeigenschaften einfach und mit hoher Dichte hergestellt werden. Damit kann auch begründet werden, dass in einer weltweiten Umfrage aus dem Jahr 2017 70 % der Befragten die Verwendung von Aluminium- oder Titanlegierungen für die AM empfehlen, während Edelstahl nur auf einen Anteil von 22 % kommt [2]. Diese drei Werkstoffklassen machen aber bereits über 90 % der aktuell verarbeiteten Materialien aus, was auch durch die zur Verfügung stehende Literatur und wissenschaftliche Veröffentlichungen bestätigt werden kann. So befassen sich laut Zhang et al. [10] die ca. 2000 untersuchten wissenschaftlichen Veröffentlichungen zum Thema AM aus den Jahren 2007–2017 vornehmlich mit Titan- (37 %) und Aluminiumlegierungen (16 %) sowie Stahl (22 %) und zeigen damit ähnliche Tendenzen auf.

Weitere bereits in der Literatur mittels PBF-LB verarbeitete Stähle sind der martensitische Stahl X40CrMoV5-1 (DIN 1.2343, H13) [11–13] sowie ausscheidungshärtbare martensitische Werkzeugstähle wie 17-4PH und 15-5PH (DIN 1.4542 bzw. 1.4545) und martensitaushärtende Stähle wie 18Ni-300 (DIN 1.2709) [8]. Der Fokus bei diesen Stählen liegt bisher insbesondere auf der Identifizierung geeigneter Prozess- [13,14] und anschließender Wärmebehandlungsparameter [12] sowie auf der Charakterisierung der Mikrostruktur. Ergebnisse zu den quasistatischen Eigenschaften können gegebenenfalls ebenfalls enthalten sein, während die Charakterisierung des Ermüdungsverhalten dieser Werkstoffe, auch aufgrund der dafür oft benötigten hohen Anzahl an Proben, bisher kaum stattgefunden hat. Auf einen Mangel an verfügbaren Daten, um z. B. einen Einfluss zwischen Prozessparametern und resultierenden mechanischen Eigenschaften herstellen zu können, wird u. a. in [15] explizit hingewiesen.

2.1.3 Austenitischer Stahl X2CrNiMo17-12-2

Der Stahl X2CrNiMo17-12-2, auch bekannt unter dem Namen AISI 316L (nach ASTM A240 [16]) oder 1.4404 (nach DIN EN 10088-3 [17]), gehört zu den austenitischen, korrosionsbeständigen CrNi-Stählen. Informationen zu den Legierungselementen und ihren Anteilen sind mit Bezug zu den Soll-Werten gem. der jeweiligen Norm in Tabelle 2.1 aufgeführt.

Tabelle 2.1 Chemische Zusammensetzung des Stahls X2CrNiMo17-12-2 entsprechend der jeweiligen DIN- und ASTM-Norm (Angaben in Gew.-%)

	Cr	Ni	Mo	Mn	Si	C	N	Fe
1.4404 (DIN EN 10088-3:2014) [17]								
Min.	16,5	10,0	2,00					Rest
Max.	18,5	13,0	2,50	2,00	1,00	0,030	0,10	
AISI 316L (ASTM A240) [16]								
Min.	16,0	10,0	2,00					Rest
Max.	18,0	14,0	3,00	2,00	0,75	0,030	0,10	

Zur besseren Lesbarkeit und aufgrund der großen Ähnlichkeit des X2CrNiMo17-12-2 zu seinem ASTM-Pendant wird im Folgenden die Bezeichnung AISI 316L für diesen Stahl verwendet.

Der Stahl AISI 316L besitzt aufgrund seines hohen Cr-Gehalts hervorragende Korrosionseigenschaften, da die Anforderungen von mind. 12 Gew.-% zur Einordnung als korrosionsbeständiger Stahl erfüllt sind. Nickel dient sowohl zur Stabilisierung der austenitischen (γ-)Phase als auch zur Erhöhung von Duktilität und weiterer Steigerung der Korrosionsbeständigkeit. Das „L" in AISI 316L steht zusätzlich für einen geringen C-Gehalt (engl. Low Carbon) von maximal 0,03 Gew.-%, wodurch die Bildung von Chromkarbiden vom Typ $(Cr,Fe)_{23}C_6$ eingeschränkt wird. Häufig wird in diesem Zusammenhang auch von ELC-Stahl (engl. Extra Low Carbon) gesprochen. Durch den Mo-Gehalt von ca. 2 Gew.-% wird zusätzlich eine weitere Verbesserung der Korrosionsbeständigkeit in chloridhaltigen Medien bewirkt, was sich auch in einer erhöhten Beständigkeit gegenüber Lochkorrosion zeigt. Aus diesem Grund wird der AISI 316L z. B. in Schwimmbädern, in Salzwasser oder in der chemischen bzw. Öl- und Gas-Industrie [18] verwendet. Weitere Anwendungsbereiche sind die Medizin- und Zahntechnik, da der Stahl eine sehr gute Biokompatibilität aufweist und sowohl für chirurgische Werkzeuge als auch für Implantate genutzt werden kann. Außerdem findet der AISI 316L Anwendung für Bauteile in der sog. ersten Wand zur Begrenzung des Plasmaraums im Kernfusionsreaktor ITER (engl. International Thermonuclear Experimental Reactor) [19,20].

Im Allgemeinen besteht der Stahl AISI 316L vollständig aus der austenitischen kubisch flächenzentrierten (kfz) Phase γ-Fe. Durch Berechnung von Cr- und Ni-Äquivalenten kann die phasenstabilisierende Wirkung der Legierungselemente im Schaeffler-Diagramm, Abbildung 2.3, und die sich bildende(n) Phase(n) beurteilt werden. Das Cr- bzw. Ni-Äquivalent, $Cr_{\text{Äq}}$ bzw. $Ni_{\text{Äq}}$, können mit Gl. 2.2 und Gl. 2.3 ermittelt werden [21], wobei Cr und die in der Gl. 2.2 angegebenen Elemente Mo, Si, Nb und Ti eine Stabilisierung der ferritischen Phase α-Fe und Ni und die entsprechenden Elemente in Gl. 2.3 eine Stabilisierung der austenitischen Phase γ-Fe bewirken. In beiden Gleichungen wird der Anteil des Legierungselements in Gew.-% zur Berechnung verwendet. Das Schaeffler-Diagramm wurde ursprünglich für Schweißgut entwickelt und ermöglicht auf Basis von $Cr_{\text{Äq}}$ und $Ni_{\text{Äq}}$ eine Abschätzung, welche Phasenzusammensetzung nach einer schnellen Abkühlung der Schmelze erwartet werden kann.

$$Cr_{\text{Äq}} = Cr + 1,4 \cdot Mo + 1,5 \cdot Si + 0,5 \cdot Nb + 2,0 \cdot Ti \qquad \text{(Gl. 2.2)}$$

$$Ni_{\text{Äq}} = Ni + 30 \cdot (C + N) + 0,5 \cdot Mn \qquad \text{(Gl. 2.3)}$$

Eine weitere Möglichkeit zur Bewertung der Phasenzusammensetzung bzw. zur Abschätzung der Art der Erstarrung ist über das Verhältnis $Cr_{\ddot{A}q}/Ni_{\ddot{A}q}$ möglich [18,22], wobei bei einem Verhältnis von $Cr_{\ddot{A}q}/Ni_{\ddot{A}q} < 1{,}25$ die Erstarrung vollständig über die austenitische Phase erfolgt [23]. Bei einem Verhältnis > 1,25 ist eine austenitisch-ferritische Erstarrung und somit das Vorhandensein von Ferrit zu erwarten. Die zulässigen Werte für die chemische Zusammensetzung des AISI 316L resultiert in einem Verhältnis von $Cr_{\ddot{A}q}/Ni_{\ddot{A}q} = 1{,}17{-}1{,}80$, sodass je nach Anteil der austenit- bzw. ferritstabilisierenden Elemente sowohl ein vollaustenitisches als auch ein austenitisch-ferritisches Mischgefüge entstehen kann [24]. Im Allgemeinen liegen 5–10 Vol.-% δ-Ferrit im Schweißgut aus AISI 316L vor, wodurch der Entstehung von Heißrissen entgegengewirkt werden soll [25,26].

Der Stahl AISI 316L kann aufgrund von hoher plastischer Verformung oder bei niedrigen Temperaturen eine phasenumwandlungsbedingte Verfestigung von Austenit zu Martensit ($\gamma \rightarrow \alpha'$) zeigen. Während Man et al. [27] keine verformungsinduzierte Martensitbildung bei Raumtemperatur (RT) unter hoher plastischer Verformung feststellen konnten, führte eine Verformung bei T = 93–113 K zur Bildung geringer Mengen Martensit. Druckverformung des AISI 316LN, ein Stahl mit im Vergleich zum AISI 316L erhöhtem Stickstoffgehalt, bei RT bis 60 % wahrer Dehnung führte zu weniger als 0,2 Vol.-% α'-Fe [28]. Zur Bewertung der Austenitstabilität bzw. ob eine verformungsinduzierte Martensitbildung thermodynamisch günstig ist, führte Angel Gl. 2.4 zur Berechnung der M_{d30}-Temperatur [°C] ein [29]. Dafür müssen die entsprechenden Anteile der Legierungselemente in Gew.-% eingesetzt werden. Die M_{d30}-Temperatur bezeichnet die Temperatur, bei der 50 % des vorhandenen Austenits bei einer plastischen Verformung von 30 % in α'-Fe umwandelt. Je niedriger diese Temperatur ist, desto höher kann die Stabilität der austenitischen Phase bewertet werden.

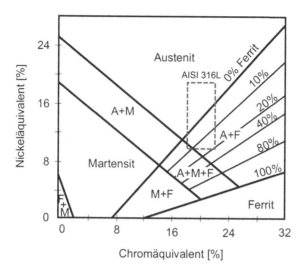

Abbildung 2.3 Schaeffler-Diagramm zur Bewertung der Phasenbildung bei rascher Abkühlung von hohen Temperaturen mit eingezeichnetem Bereich des AISI 316L; adaptiert nach [21]

$$M_{d30} = 413 - 462(C + N) - 9,2Si - 8,1Mn - 13,7Cr - 9,5Ni - 18,5Mo$$
$$(Gl. 2.4)$$

Eine Übersicht über die mechanischen Eigenschaften des AISI 316L ist in Tabelle 2.2 aufgeführt. Die dort angegebenen Werte entsprechen im Allgemeinen dem lösungsgeglühten Werkstoffzustand. Eine Kaltumformung ermöglicht es, den Werkstoff zu verfestigen und Zugfestigkeiten R_m von über 1000 MPa (bis zu 1400 MPa bei einem Umformgrad von $\varphi = 80$ %) mit einhergehender Verringerung der Bruchdehnung auf unter 5 % [30] zu erreichen. Demgegenüber ist eine Vergütung von AISI 316L grundsätzlich nicht möglich, da bei Abkühlung bis auf RT keine Phasenumwandlung ($\gamma \rightarrow \alpha$) stattfindet.

Tabelle 2.2 Typische mechanische Kennwerte von konventionellem AISI 316L (lösungsgeglüht) [30–32]

Dehngrenze $R_{p0,2}$ [MPa]	Zugfestigkeit R_m [MPa]	Bruch-dehnung A [%]	Elastizitäts-modul E [GPa]	Härte (Vickers) [HV]
205–310	515–620	30–50	193	150–160

2.1.4 Eigenschaften mittels PBF-LB hergestellter austenitischer CrNi-Stähle

Der Stahl AISI 316L ist aufgrund seiner guten Schweißbarkeit in der AM und insbesondere im PBF-LB Prozess weit verbreitet und wird schon seit mehreren Jahren erfolgreich mit hoher Materialdichte und damit verbundener niedriger Porosität verarbeitet. Aus diesem Grund kann bereits auf eine sehr breite Veröffentlichungslage über die Prozessierung, Mikrostrukturcharakterisierung und das mechanische Verhalten verwiesen werden, die im Folgenden als Stand der Technik zusammengefasst wird. Einen Großteil machen hier die Untersuchungen zum Prozess und der sich einstellenden Mikrostruktur in Verbindung mit quasistatischen Eigenschaften aus, während die Ermüdungseigenschaften demgegenüber bisher in deutlich geringerem Umfang charakterisiert wurden. Gleichzeitig lassen sich auch signifikante Einflüsse von Prozessparametern, Probenorientierung, Nach- und Wärmebehandlung, sowie prozessbedingten Defekten ausmachen, wodurch ein direkter Vergleich der Eigenschaften oft erschwert wird.

PBF-LB Prozess

Aufgrund des Fokus dieser Arbeit auf das Ermüdungs- und Korrosionsermüdungsverhaltens sei auf verschiedene Arbeiten verwiesen, in denen die Ermittlung von optimalen Prozessparametern für eine erfolgreiche Prozessierung von austenitischen CrNi-Stählen detailliert untersucht wurde [7,33–41]. Die Auflistung der angegebenen kontrollierbaren Prozessparameter erhebt keinen Anspruch auf Vollständigkeit. Diesen Parametern stehen wiederum die material- bzw. systemabhängigen Parameter entgegen, die z. B. die Schmelztemperatur und das Absorptionsverhalten beinhalten [42]. Chua [43] ordnet beide Arten von Prozessparametern in die folgenden Kategorien ein, die sich letztendlich auf die Eigenschaften des fertigen Bauteils auswirken können:

- Laser- und Scanparameter
- Pulvereigenschaften

• Pulverbetteigenschaften und Auftragsparameter
• Umgebungseinflüsse während des Fertigungsprozesses

Diese können sich zusätzlich gegenseitig beeinflussen, sodass ein hochkomplexer Prozess mit einer Vielzahl an Einflussgrößen entsteht. Hervorzuheben sind u. a. die Arbeiten von Geenen et al. [6], Röttger et al. [34,44] und Großwendt et al. [24] zum Stahl PBF-LB AISI 316L, die sich ausführlich mit dem Einfluss von Prozessgrößen wie Fokuslage des Lasers, Laserstrahlfleckdurchmesser, Prozessschutzgas, Scangeschwindigkeit und die Verwendung unterschiedlicher PBF-LB Systeme auf die mikrostrukturellen und mechanischen Eigenschaften des Stahls beschäftigen. Des Weiteren erfolgte eine Untersuchung des Einflusses der erlaubten Toleranz in der chemischen Zusammensetzung für 316L gem. den normativen Vorgaben. Fokus dieser Untersuchungen ist häufig die erfolgreiche Prozessierung des Stahls, wobei maßgeblich eine Dichte $\geq 99{,}5\,\%$ als Zielgröße festgelegt wird. Weitere Untersuchungen, z. B. von Greco et al. [38], Hitzler et al. [45] und Liverani et al. [40] befassen sich mit dem Einfluss von Spurabstand, Laserleistung und Probenorientierung auf die sich einstellenden mikrostrukturellen und mechanischen Eigenschaften.

Mikrostruktur
Aufgrund des wiederholten Aufschmelzens im PBF-LB Prozess sowohl der (neu aufgetragenen) Pulverschicht als auch anteilig der sich darunter befindlichen bereits erstarrten Schicht, entsteht nahezu werkstoffunabhängig eine einzigartige Gefügestruktur, die sich über fünf bis sechs Größenordnungen, nämlich vom Nanometer- bis fast in den Millimeterbereich erstreckt [46]. Exemplarisch ist in Abbildung 2.4 a) und b) ein erster Eindruck des geätzten Gefüges des Stahls AISI 316L gezeigt. Bereits auf dieser Skala kann die Mikrostruktur in verschiedene Bereiche eingeteilt werden kann. Bei einer Betrachtung der Mikrostruktur in Abbildung 2.4 a) parallel zur Baurichtung (XY-Schnitt) können die Laserscanlinien eindeutig identifiziert und häufig auch direkt einer Scanstrategie, hier einer Rotation der Scanrichtung um 90° nach jeder Schicht, zugeordnet werden [47]. Im Gegensatz dazu kann im XZ- bzw. YZ-Schnitt in Abbildung 2.4 b) senkrecht zur Baurichtung Z der in der AM typische schichtweise Aufbau festgestellt werden. Damit einhergehend können die einzelnen Schmelzbäder, die durch den Aufschmelzprozess des Lasers entstehen, identifiziert und deren Gleichmäßigkeit in Form von Breite und Tiefe bewertet werden. Diese Schmelzbäder ähneln stark den Schmelzraupen beim Schweißprozess, weisen allerdings eine durch die Spotgröße des Lasers bedingte deutlich kleinere Dimension auf, deren Größe

u. a. von der Laserleistung, Scangeschwindigkeit, Hatchabstand und Schichtdicke beeinflusst wird [38,47].

Zusätzlich zeigt Abbildung 2.4 b) einen prozessbedingten Defekt in Form eines sog. Schweißspritzers (engl. Spatter), der sich während des hochdynamischen Prozesses bildet und auf dem Pulverbett bzw. dem bereits aufgeschmolzenem Werkstück landet und anschließend dort verblieben ist.

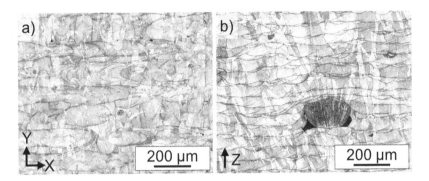

Abbildung 2.4 Lichtmikroskopische Darstellung der geätzten PBF-LB AISI 316L Mikrostruktur; a) Querschnitt (XY-Schnitt) b) Längsschnitt (XZ-Schnitt)

Die vorliegenden Körner im XZ-Schnitt weisen eine langgezogene Morphologie auf, die sich über mehrere Schmelzbäder in Z-Richtung erstreckt, was zum einen auf eine gerichtete Erstarrung und zum anderen auf ein epitaktisches Wachstum der Körner schließen lässt. Diese Struktur wird maßgeblich durch das Auf- und Wiederanschmelzen während des Prozesses bewirkt, wodurch das Kornwachstum präferiert entlang des Temperaturgradienten parallel zur Fertigungsrichtung erfolgt [40]. Die bereits erstarrten Bereiche unterhalb des Schmelzbads können dadurch als Kristallisationskeime wirken und ermöglichen das epitaktische Wachstum über mehrere Schichten und Schmelzbäder hinweg [48].

Im Vergleich zu konventionellem lösungsgeglühtem AISI 316L entstehen durch den Prozess Gefüge mit einer feineren Mikrostrukturen und anisotropen Eigenschaften, für die bei konventionellen Stählen z. B. spezielle Umform- und Kaltverfestigungsverfahren mit damit einhergehender starker plastischer Verformung notwendig sind [49,50]. Die Textur der Mikrostruktur kann insbesondere mittels Elektronenrückstreubeugung (EBSD, engl. Electron Back Scatter Diffraction) näher charakterisiert werden, wobei Kurzynowski et al. [39] in Abhängigkeit von den gewählten Prozessparametern eine starke Textur des Gefüges parallel zur Baurichtung bestätigen konnten. Zusätzlich weisen PBF-LB gefertigte Werkstoffe allgemein eine hohe Anzahl an Kleinwinkelkorngrenzen auf, die zusätzlich zu Orientierungsgradienten in der Mikrostruktur vorliegen [51]. Eine Korrelation von lokalen Orientierungsunterschieden und Kleinwinkelkorngrenzen wurde u. a. von Wang et al. aufgezeigt [46]. Diese Korngrenzen weisen auch eine hohe thermische Stabilität auf und lösen sich erst bei einer Wärmebehandlung oberhalb von T = 1000 °C auf [51].

Bei noch höherer Vergrößerung im Rasterelektronenmikroskop (REM) wird an der geätzten Mikrostruktur die zellförmige Subkornstruktur oder auch intragranulare Netzwerkstruktur [52] sichtbar, die im XY-Schnitt zell- bzw. wabenartig in den einzelnen Körnern vorliegt. Exemplarisch ist dies in Abbildung 2.5 a) und b) für den Stahl PBF-LB AISI 316L abgebildet. Generell besitzt die Struktur eine Wabengröße von ca. 0,5–1 μm [46,53]. Die Orientierung dieser Subkornstruktur entspricht der Erstarrungsrichtung bei der Abkühlung entlang der Fertigungsrichtung, da die Wärmeleitung durch das verdichtete Material und die Bauplattform erfolgt und nicht durch das umliegende Pulver [33]. Zusätzlich dazu spielt aber auch die bevorzugte Wachstumsorientierung der Kristallstruktur eine Rolle [54], wodurch nicht nur die Richtung des Temperaturgradienten, sondern auch der Kristallisationsmechanismus einen Einfluss auf die Orientierung dieser Subkornstruktur ausübt. Aber auch andere Faktoren wie Marangoni-Konvektionen können die Orientierung beeinflussen, da sie aufgrund von Wärme-Masse-Effekten die Richtung des maximalen Wärmeflusses beeinflussen können [55,56].

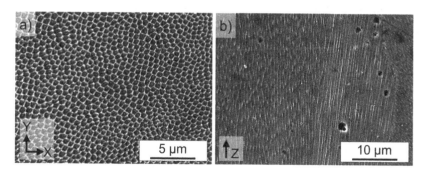

Abbildung 2.5 Mikrostruktur eines PBF-LB AISI 316L mit a) Wabenstruktur senkrecht zur Baurichtung und b) langgezogener stängelartiger Struktur (Ätzmittel: V2A-Beize)

Während des Erstarrungsprozesses entsteht die Subkornstruktur aufgrund von Mikroseigerungen. Dabei kommt es vornehmlich zur Anreicherung der Legierungselemente Mo und Cr in den Zellwänden, die an den Rändern dieser Strukturen in höherer Konzentration vorliegen [46]. Diese Aussage wird auch durch die geringere Ätzung durch das Ätzmittel an den Subkorngrenzen (weiße, hervorstehende Waben in Abbildung 2.5 a) unterstützt. Prinzipiell kann hier aber nur von einer Anreicherung von wenigen Gew.-% gesprochen werden, da keine Entmischung vorliegt. Dieser Subkornstruktur wird maßgeblich zugesprochen, dass der PBF-LB AISI 316L höhere Festigkeiten erreicht als konventionell verarbeiteter AISI 316L.

Auf Basis von Untersuchungen mittels Transmissionsemissionsmikroskopie (TEM) konnte u. a. von Saedi et al. [57] und Wang et al. [46] gezeigt werden, dass eine Anreicherung von Legierungselementen in dieser Subkornstruktur auch mit einer hohen Versetzungsdichte verbunden ist [51]. Diese kann bereits bei sehr kurzen Wärmebehandlungen (z. B. für 6 min bei T = 800 °C) signifikant reduziert werden. Die Versetzungen in den Zellwänden bilden zusätzlich Versetzungsdipole aus, die häufig auch Stapelfehler beinhalten [51]. Untersuchungen und Simulationen von Wang et al. [58] deuten darauf hin, dass die wiederholten Aufschmelz- und Erstarrungsintervalle sowie Aufwärm- und Abkühlphasen im PBF-LB Prozess zu einem ständigen Wechsel von Zug- und Druckspannungen führen. In Kombination mit lokalen thermischen Inhomogenitäten entstehen so die hohen Versetzungsdichten.

Trotz der Lage des AISI 316L im Schaeffler-Diagramm liegt nach dem PBF-LB Prozess ein vollständig austenitisches Gefüge vor [37,54]. Selbst bei einem Verhältnis von $Cr_{äq}/Ni_{äq} = 1{,}43$ konnte von Großwendt et al. weniger als 1 Vol.-% an δ-ferritischer Phase festgestellt werden, während Gray et al. [59] 2–2,5 Vol.-% δ-Ferrit aufgrund eines erhöhten Cr-Gehalts von 20,7 Gew.-% fanden. Pinto et al. [60] identifizierten δ-Ferrit in rezykliertem Pulver aus AISI 316L, was lediglich zu einem schlechteren Pulverauftrag aufgrund von magnetischer Aufladung im PBF-LB Prozess führte. Die gefertigten Bauteile waren dennoch vollständig austenitisch.

Prozessbedingte Defekte

Während des PBF-LB Prozesses können eine Vielfalt von Defekten auftreten, die in den meisten Fällen aufgrund von Instabilitäten im Prozess oder ungeeigneten Prozessparametern entstehen. Eine gute Übersicht gibt der Fehlerkatalog VDI 3405 Blatt 2.8 [61], in dem ein Großteil der vorkommenden Defektarten beschrieben und mögliche Entstehungsursachen genannt werden.

Neben Faktoren wie Oberflächenqualität oder geometrische Abweichungen, die für die Abnahme von Bauteilen hohe Relevanz besitzen, wirken sich insbesondere kleinere Defekte im Bauteilinneren oder an der Oberfläche kritisch auf die mechanischen Eigenschaften aus. Eine Defektart konnte bereits in Abbildung 2.4 b) in Form des Schweißspritzers eingeführt werden. Dieser führt dazu, dass in diesem Bereich der Pulverauftrag unvollständig stattfindet. Gleichzeitig kann der Schweißspritzer nicht vollständig vom Laser aufgeschmolzen werden und es kommt lokal zu der Ausbildung von Bindefehlern. Weitere exemplarische, häufig vorzufindende Defektarten sind Gasporen, Abbildung 2.6 a), unzureichende Überlappung der Schmelzbäder, Abbildung 2.6 b), Keyhole-Poren, Abbildung 2.6 c), und Anbindungsfehler (LoF, engl. Lack of Fusion), Abbildung 2.6 d), die am Beispiel der Mikrostruktur verschiedener mittels PBF-LB verarbeiteter Stähle gezeigt werden.

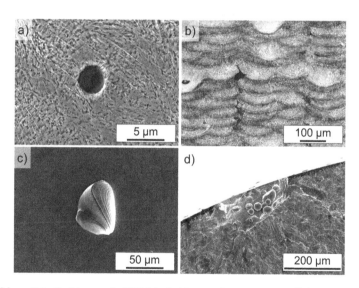

Abbildung 2.6 Defektarten in PBF-LB Stählen; a) Gaspore und b) Überlappungsfehler im Stahl X30CrMo7-2; c) Keyhole-Pore im AISI 316L; d) LoF auf der Bruchfläche einer ermüdeten Probe aus 1.2709

Gasporen Abbildung 2.6 a) entstehen bei einer zu schnellen Erstarrung des Schmelzbads, wenn z. B. das Schutzgas nicht mehr entweichen kann oder wenn die Pulverpartikel bereits Gasporen aufweisen. Auch eine zu hohe Feuchtigkeit im Pulver oder das Ausgasen von Stickstoff kann zur Ausbildung dieser Defekte führen [62]. Überlappungsfehler, Abbildung 2.6 b), entstehen aufgrund eines zu großen Hatchabstands, wodurch nebeneinander liegende Schmelzbäder unzureichend miteinander verschmolzen werden [48,62]. Keyhole-Poren, Abbildung 2.6 c) entstehen häufig zu Beginn oder am Ende einer Laserscanlinie aufgrund von zu hohem lokalen Energieeintrag [63], der zu einer Verdampfung der Schmelze führt [38].

Besonders kritisch sind die in d) gezeigten LoF, die meistens deutlich größer als die anderen Defektarten sind. Diese weisen eine langgestreckte, flache Form entlang einer Schicht auf und sind somit senkrecht zur Fertigungsrichtung orientiert [53]. Sie entstehen aufgrund eines unzureichenden Energieeintrags ins Pulver und enthalten meistens noch un- oder teilweise angeschmolzene Pulverpartikel.

Quasistatische Eigenschaften

Für PBF-LB AISI 316L ist bereits hinlänglich bekannt, dass sowohl für die Dehngrenze $R_{p0,2}$ als auch die Zugfestigkeit R_m im Vergleich zu konventionellem Material deutlich höhere Festigkeiten erreicht werden können. Hitzler et al. [45] untersuchten u. a. den Zusammenhang zwischen Fertigungsrichtung und quasistatischen Eigenschaften und ermittelte Werte von $R_{p0,2} = 439$–590 MPa und $R_m = 512$–698 MPa. Dabei zeigten sich die höchsten Festigkeiten für liegend und unter $45°$ gefertigte Proben. Die sich einstellenden mechanischen Eigenschaften sind allerdings nicht nur von der Fertigungsrichtung, sondern auch von weiteren Faktoren wie Prozessparameter [38], Scanstrategie [39] oder der prozessbedingten Porosität [48,64] abhängig, sodass keine allgemeingültigen Festigkeitswerte angegeben werden können. U. a. Wang et al. [46] und Zhong et al. [52] stellen die Hypothese auf, dass nicht die Korngröße, sondern die Größe der zellulären Subkornstruktur einen großen Anteil an der hohen Dehngrenze hat, sodass von einer speziellen Form der Hall-Petch-Beziehung ausgegangen werden kann. Gleichzeitig führt auch die Ausbildung von Zwillingen zu einer erhöhten Duktilität [46,65]. Allerdings führt die Zwillingsbildung kaum zu einer Kaltverfestigung, da der Abstand der Zwillinge zueinander größer als die Subkornstrukturgröße ist, wodurch die Behinderung von Versetzungsbewegungen kaum gegeben ist [65,66].

2.2 Ermüdungsverhalten metallischer Werkstoffe

2.2.1 Grundlagen

Unter Ermüdung versteht man das Verhalten von Werkstoffen unter einer sich wiederholenden zyklischen Belastung, die auch bei Spannungen unterhalb der Streck- bzw. Dehngrenze zu einem Versagen führen kann. Da nahezu alle Bauteile, die einer statischen Belastung ausgesetzt sind, auch eine zyklische Belastung erfahren, muss der Aspekt der Ermüdung bei der Bauteilauslegung immer mitberücksichtigt werden. Zu beachten ist dabei, dass die Ermüdung sowohl zeit- als auch beanspruchungsabhängig ist und der belastete Werkstoff in diesem Zusammenhang eine kontinuierliche Schädigung erfährt, die letztendlich zu einer Rissinitiierung und einem Risswachstum bis zum Versagen des Bauteils führt. Das Versagen aufgrund von Ermüdung ist mit einem Anteil von ca. 90 % die häufigste Versagensursache bei metallischen Werkstoffen [67]. Im Gegensatz zur (quasi-)statischen Belastung geht das Versagen nicht mit einer makroskopischen plastischen Verformung und Einschnürung sondern weitgehend verformungsarm und von außen nicht erkennbar einher [68].

Der Wöhler-Versuch
Die experimentelle Beschreibung des Ermüdungsverhaltens wird auf August Wöhler zurückgeführt, der als einer der ersten mit seinen Untersuchungen an Eisenbahnradachsen um 1860 feststellte, dass eine dauerhaft ertragbare Spannungsamplitude σ_a geringer als die statische Festigkeit ist [68]. Das nach ihm benannte Wöhler-Diagramm beschreibt den Zusammenhang zwischen Spannungsamplitude und Bruchlastspielzahl N_B, wurde jedoch nicht von Wöhler selbst sondern erst deutlich später eingeführt [69]. Im weiteren Verlauf stellte Basquin einen logarithmischen Zusammenhang zwischen N_B und σ_a mittels Gl. 2.5 her [68].

$$\sigma_a = \sigma'_f (N_B)^b \qquad \text{(Gl. 2.5)}$$

In der Gleichung ist σ'_f der Ermüdungsfestigkeitskoeffizient [MPa] und b der Ermüdungsfestigkeitsexponent. Diese Gleichung ermöglichte erstmals eine Bauteilauslegung unter Berücksichtigung des Ermüdungsverhaltens und wird noch heutzutage zur Beschreibung der Wöhler-Kurve im doppeltlogarithmischen Wöhler-Diagramm verwendet [68]. Die Wöhler-Kurve wird häufig in verschiedene Bereiche eingeteilt, die entsprechend der Bruchlastspielzahl Kurzzeitfestigkeit (engl. Low Cycle Fatigue, LCF) und Zeitfestigkeit (engl. High

Cycle Fatigue, HCF) genannt werden. Der LCF-Bereich entspricht einer Bruch-lastspielzahl $N_B \leq 10^4$, während der HCF-Bereich normalerweise im Bereich $10^4 \leq N_B \leq 2 \cdot 10^6\text{--}10^7$ definiert ist. Bei Grenzlastspielzahlen von $N_G > 10^7$ spricht man auch vom VHCF- (engl. Very High Cycle Fatigue) Bereich.

Das Ermüdungsverhalten wird im LCF- und HCF-Bereich maßgeblich durch lokale plastische Verformung bestimmt. Dieser Zusammenhang zwischen Bruch-lastspielzahl und plastischer Dehnungsamplitude $\varepsilon_{a,p}$ wurde erstmals von Coffin und Manson aufgestellt und führte zu Gl. 2.6, in der der Exponent c ein Werkstoffparameter ist [68].

$$\varepsilon_{a,p} = konst.(N_B)^c \qquad \text{(Gl. 2.6)}$$

Auch bei Spannungen unterhalb der Dehngrenze, bei der keine plastische Verformung erwartet wird, kann es aufgrund von Inhomogenitäten oder Verset-zungsbewegungen zu lokal höheren Spannungen und lokalisierter plastischer Ver-formung kommen, die eine sich aufsummierende Werkstoffschädigung bewirkt und letztendlich zum Versagen des Werkstoffs führt. Darauf aufbauend kann die Gesamtlebensdauer eines zyklisch belasteten metallischen Bauteils in vier fließend ineinander übergehende Phasen eingeteilt werden, Tabelle 2.3.

Tabelle 2.3 Phasen der Ermüdungslebensdauer; angelehnt an [68]

Ermüdungslebensdauer			
Rissbildung		**Rissausbreitung**	
Rissinitiierung	Mikrorisswachstum (Stadium I)	Makrorisswachstum (Stadium II)	Restgewaltbruch (instabil)

Die Rissinitiierung

Zu Beginn der Rissbildungsphase kommt es unter zyklischer Belastung in Berei-chen von Kerben oder anderen Defekten, wie nichtmetallischen Einschlüssen oder Poren, lokal zu Spannungsüberhöhungen aufgrund der Kerbwirkung in Verbindung mit plastischer Verformung. In Körnern, in denen die Gleitebenen parallel zur maximalen Schubspannung orientiert sind, kommt es zur Aktivie-rung von Versetzungsbewegungen. Diese Versetzungen ordnen sich in Form von persistenten Gleitbändern an und können so aus der Oberfläche austreten.

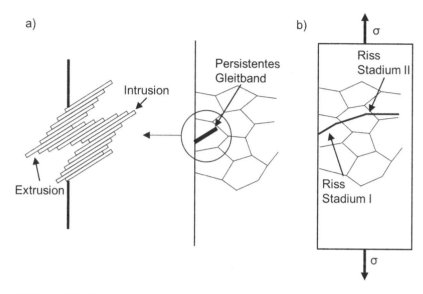

Abbildung 2.7 Schematische Darstellung der a) Rissinitiierung in persistenten Gleitbändern und b) Übergang von Mikroriss (Stadium I) in die stabile Risswachstumsphase (Stadium II); adaptiert nach [70]

Bei Umkehr der Last wird eine benachbarte Gleitebene aktiviert und es kommt zur Ausbildung sog. Extrusionen und Intrusionen, Abbildung 2.7 a), und letztendlich zu lokaler Spannungskonzentration aufgrund der entstandenen Mikrokerben. Je nach Höhe der Belastung bilden sich diese Extrusion und Intrusionen bereits in den ersten Zyklen auf der Werkstoffoberfläche [71] und wachsen kontinuierlich im Verlauf der Ermüdungsbelastung. Intrusionen weisen bereits aufgrund ihrer Form Ähnlichkeiten zu einem Riss auf, weshalb Mikrorisse auch primär im Bereich der Intrusionen initiieren können [72].

Das Risswachstum

Das Mikrorisswachstum verläuft in Stadium I noch parallel zu Gleitbändern, deren Gleitsysteme in einer Ebene mit der maximalen Schubspannung liegen, Abbildung 2.7 b). Die Normalspannung steigt kontinuierlich mit der Risslänge an, bis mehrere Gleitebenen durch die höhere Spannung aktiviert werden können und es zu größeren plastischen Verformungen kommt, wodurch das Wachstum des Risses senkrecht zur Normalspannung erfolgt.

Das Ausbreitungsverhalten von Makrorissen wird maßgeblich durch die Risslänge a und die Rissspitzenbelastung bestimmt, sodass auf Basis der linearelastischen Bruchmechanik diese Belastung mithilfe des Spannungsintensitätsfaktors (SIF) ΔK beschrieben werden kann, der als Hilfsgröße zur Beschreibung der Intensität des elastischen Spannungsfelds an der Rissspitze dient. Dieser kann bei reiner Zug-Druck-Belastung mittels Gl. 2.7 in Abhängigkeit der Schwingbreite der Spannung $\Delta\sigma$ berechnet werden.

$$\Delta K = Y \Delta\sigma \sqrt{\pi \cdot a} \qquad \text{(Gl. 2.7)}$$

Y: Geometriefaktor

Auf diese Weise ist es möglich, die mit wachsender Risslänge steigende Rissspitzenbelastung bei gleichbleibender Belastung zu berechnen. Bei doppeltlogarithmischer Auftragung von ΔK gegen die Risswachstumsgeschwindigkeit da/dN können drei charakteristische Bereiche (Abbildung 2.8) ermittelt werden. Der Bereich I entspricht dem Schwellenwert des SIF ΔK_{th} unterhalb dem kein oder nur Mikrorisswachstum stattfindet. Bereich II ist die sog. Paris-Gerade, die dem stabilen Risswachstum entspricht, während der Bereich III den Übergang zum instabilen Versagen darstellt. [68]

Die Gerade im Bereich II kann sehr gut mit Gl. 2.8 beschrieben werden und wird auch als Paris-Gesetz nach Paris und Erdogan [73] bezeichnet. Sobald die werkstoffabhängigen Konstanten C_p und m_p experimentell bestimmt wurden, ist es möglich, die Lebensdauer in Form der Bruchlastspielzahl N_B zu berechnen, solange das Ermüdungsverhalten maßgeblich durch Risswachstum dominiert wird.

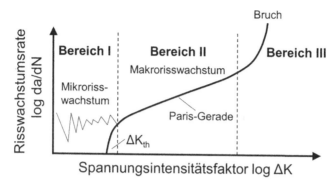

Abbildung 2.8 Schematische Darstellung des Zusammenhangs zwischen Rissausbreitungsgeschwindigkeit da/dN und Spannungsintensitätsfaktor ΔK; adaptiert nach [74]

$$\frac{da}{dN} = C_P \cdot \Delta K^{m_P}$$ (Gl. 2.8)

In Fällen, in denen die Größe der plastischen Zone nicht mehr vernachlässigbar klein ist, müssen Ansätze der elastisch-plastischen Bruchmechanik, wie das J-Integral, verwendet werden [75].

Die anschließende instabile Rissausbreitung entspricht dem Restgewaltbruch und ist aufgrund ihrer Geschwindigkeit für die Betrachtung der Lebensdauer eines Bauteils nicht von Relevanz.

2.2.2 Ermüdungsverhalten mittels PBF-LB hergestellter austenitischer CrNi-Stähle

Während Untersuchungen zur Mikrostruktur und den quasistatischen Eigenschaften in großer Zahl in der Literatur vorliegen, finden sich zum Ermüdungsverhalten von PBF-LB Werkstoffen bereits deutlich weniger Ergebnisse und der Forschungsbedarf in diese Richtung wird betont [8]. Häufig liegt dies an dem hohen Probenbedarf zur Erzeugung von Wöhler-Kurven, die aufgrund hoher Kosten des Ausgangspulvers oder durch die Größe der Bauplattform limitierte Probenanzahl eingeschränkt werden.

Aufgrund der hohen Anzahl an Prozessparametern und der Wechselwirkung dieser untereinander ist eine allgemeingültige Charakterisierung des Ermüdungsverhaltens von PBF-LB Werkstoffen oder bereits nur von einem einzigen Werkstoff nur unter Vorbehalt möglich [76]. Wie in Abschnitt 2.1.1 bereits beschrieben, existiert eine Vielzahl von sich gegenseitig beeinflussenden Parametern, die sich auch auf die Ermüdungseigenschaften auswirken.

Die in Abschnitt 2.1.4 beschriebenen prozessbedingten Defekte sowie zusätzlich die schlechte („as-built") Oberflächenqualität und thermische Eigenspannungen beeinflussen das Ermüdungsverhalten in vielerlei Hinsicht, was häufig zu einer großen Streuung der Versuchsergebnisse führt [8,77]. Einen guten Überblick über die mechanischen und auch die Ermüdungseigenschaften geben die Übersichtsveröffentlichungen von Afkhami et al. [76], Gorsse et al. [78] und Herzog et al. [8].

Einfluss der Oberfläche

Bei der Charakterisierung des Ermüdungsverhaltens von Proben mit as-built Oberfläche zeigt sich, dass multiple Rissinitiierung primär von Kerben und Defekten an der Oberfläche ausgeht und die Ermüdungsfestigkeit deutlich geringer ausfällt als bei Proben mit nachbearbeiteter Oberfläche [79,80]. Häufig wird die Oberflächenqualität mittels spanender Bearbeitung und anschließender Politur verbessert, wodurch die Ermüdungsfestigkeit um mehr als 100 % gesteigert werden kann [81]. Eine Übersicht über in der Literatur verfügbare Ermüdungsfestigkeiten bei einem Spannungsverhältnis von $R = -1$ und $0,1$ findet sich in Tabelle 2.4. Während bei den Proben mit as-built Oberfläche das Versagen eindeutig von mehreren Kerben aufgrund der hohen Oberflächenrauheit ausgeht [82], können bei nachbearbeiteten oder polierten Proben Defekte im Kontakt mit der Oberfläche, oberflächennah oder im Probeninneren als bruchauslösend identifiziert werden.

Tabelle 2.4 Übersicht über die Ermüdungsfestigkeit von PBF-LB AISI 316L

Quelle	Oberfläche	Spannungsverhältnis R	Grenzlastspielzahl N_G	Ermüdungsfestigkeit* [MPa]
Riemer et al. [83]	as-built	−1	$2 \cdot 10^6$	108
	gedreht			267
Blinn et al. [84]	poliert	−1	$2 \cdot 10^6$	320–340
Uhlmann et al. [85]	gedreht	−1**	10^7	240
Roirand et al. [86]	poliert	−1	$2 \cdot 10^6$	115–270
Liang et al. [87]	as-built	−1	$2 \cdot 10^6$	93
	poliert		$2 \cdot 10^6$	115
Afkhami et al. [81]	as-built	0,1	$3 \cdot 10^6$	112
	gedreht			237
Spierings et al. [88]	gedreht	0,1	10^7	255
	poliert	0,1	10^7	269
Solberg et al. [79]	as-built	0,1	$2 \cdot 10^6$	163
Gorsse et al. [78]	as-built	0,1	10^6	225–290

*Für $R = -1$ als σ_a; für $R = 0,1$ als σ_{max} **4-Punkt-Biegung

Einfluss der Fertigungsrichtung

Während für die quasistatischen Eigenschaften bereits gezeigt werden konnte, dass diese von der Fertigungsrichtung beeinflusst werden und horizontal bzw. liegend gefertigte Proben eine höhere Festigkeit aufweisen als stehend gefertigte, können für das Ermüdungsverhalten zwei weitere Faktoren identifiziert werden. Zum einen spielen Defekte im Probeninneren eine signifikante Rolle. Häufig sind die größten prozessbedingten Defekte Anbindungsfehler, die eine charakteristische Form aufweisen, Abbildung 2.6 d). Diese ist meist flach und langgestreckt entlang einer oder mehrerer Pulverschichten. Je nach Belastungsrichtung der Probe wirkt dieser Defekt mit einer unterschiedlichen projizierten Größe senkrecht dazu und kann auf diese Weise in seiner Kritizität variieren. Schematisch ist dieser Einfluss in Abbildung 2.9 a) dargestellt.

Bei einer ähnlichen Defektgrößenverteilung in Form von LoF Defekten dominiert also die effektive Defektgröße bezogen auf die Belastungsrichtung das

Ermüdungsverhalten. Im Gegensatz dazu stehen die Untersuchungen von Riemer et al. [83] bezüglich des Risswachstumsverhaltens. Dabei konnte gezeigt werden, dass Risse schneller parallel zur Fertigungsrichtung wachsen als senkrecht dazu und somit stehend gefertigte Proben ein langsameres Risswachstum zeigen als liegend gefertigte, wenn die Belastung parallel zur Fertigungsrichtung aufgebracht wird.

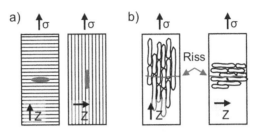

Abbildung 2.9 Schematische Darstellung des Einflusses a) von langgestreckten Defekten und deren effektiver Fläche bezogen auf die Belastungsrichtung und b) des Risswachstumspfads in Abhängigkeit der gerichtet erstarrten Mikrostruktur in PBF-LB gefertigten Stählen

Im Fall eines mikrostrukturdominierten Ermüdungsrisswachstums, wenn also z. B. sphärische Gasporen vorliegen, deren effektive Fläche richtungsunabhängig ist, weisen stehend gefertigte Proben somit ein besseres Ermüdungsverhalten auf. Begründet werden kann dies mit der in Abbildung 2.9 b) gezeigten gerichteten Erstarrung der Mikrostruktur. Bei einer stehend gefertigten Probe verläuft der Riss senkrecht zur Fertigungsrichtung. Aufgrund der Kornmorphologie gibt es durch diese Orientierung viel mehr Korngrenzen, die vom Riss überwunden werden müssen und zu einer Verlangsamung des Risswachstums führen können. Im Gegensatz dazu existieren bei einer liegend gefertigten Probe bei gleichem Probenquerschnitt deutlich weniger Korngrenzen auf dem Risspfad.

Dies führt auch zu einem messbaren Unterschied in ΔK_{th}, der für Proben mit Risswachstum parallel zur Baurichtung bei $\Delta K_{th} = 3,0$ und senkrecht zur Baurichtung bei $\Delta K_{th} = 4,3$ MPa$\sqrt{m}$ liegt [83]. Eine höhere Schädigungstoleranz von liegend gefertigten Proben fanden auch Blinn et al. [84], indem sie auf Basis zyklischer Eindringprüfung einen zyklischen Verfestigungsexponenten ermittelten, der auf eine niedrigere Sensitivität der Mikrostruktur gegenüber Defekten schließen lässt.

Einfluss prozessbedingter Defekte

Obwohl das Ermüdungsverhalten von PBF-LB Werkstoffen defektdominiert ist, gibt es erste Ergebnisse, die darauf hindeuten, dass die Defekttoleranz, also die Toleranz des Werkstoffs gegenüber prozessbedingten, bereits vorhandenen Defekten, höher als die von konventionell hergestellten Werkstoffen ist [89]. Beretta und Romano [90] weisen in ihrer Arbeit explizit darauf hin, dass das Ermüdungsverhalten von PBF-LB Werkstoffen maßgeblich durch das Vorhandensein von Defekten dominiert wird, die zu einer Verringerung der Ermüdungsfestigkeit und Lebensdauer führen. Aus diesem Grund ist das Thema der „Effects of Defects" (Einfluss von Defekten auf die mechanischen und insbesondere auf die Ermüdungseigenschaften), für PBF-LB Werkstoffe genauso relevant, wie es auch für Gusswerkstoffe mit Lunkern oder Werkstoffe mit nichtmetallischen Einschlüssen ist.

Untersuchungen zum defektdominierten Ermüdungsverhalten zeigen zusätzlich, dass die Position von Defekten auch in PBF-LB Werkstoffen entscheidend für die Lebensdauer ist. Die Ergebnisse von Andreau et al. [91] zum Ermüdungsverhalten von PBF-LB AISI 316L zeigen, dass Defekte, die kleiner als 380 μm sind, nicht zu einem Versagen führen, was auf eine niedrige Sensitivität des Stahls gegenüber inneren Defekten schließen lässt. Sie folgern außerdem, dass Oberflächendefekte kritischer sind, da sie in Kontakt mit Luftsauerstoff stehen, wodurch interkristallines Risswachstum begünstigt wird. Verknüpft werden kann dies mit einem schnelleren Risswachstum an Luft bzw. einem langsameren Risswachstum in Vakuum oder inerter Atmosphäre [92–94]. Solberg et al. [79] stellten jedoch an as-built Proben aus PBF-LB AISI 316L fest, dass bei höheren Spannungen trotzdem ein Versagen von inneren Defekten und nicht von der as-built Oberfläche ausgeht, während bei niedrigeren Spannungen ausschließlich Oberflächendefekte bruchauslösend waren.

Diese und weitere Ergebnisse von z. B. Stern et al. [53], Uhlmann et al. [85] oder Zhang et al. [95] führen zu der Schlussfolgerung, dass eine klassische Beschreibung des Ermüdungsverhaltens mittels Wöhler-Diagramm, Abschnitt 2.2.1, nicht mehr zielführend ist, da die aus dem defektdominierten Ermüdungsverhalten resultierende Streuung keine gesicherte Aussage über die Ermüdungsfestigkeit oder Schädigungstoleranz mehr ermöglicht.

2.3   Defektbasierte Modelle zur Beschreibung des Ermüdungsverhaltens

Zur Beschreibung des defektdominierten Ermüdungsverhaltens existiert eine Vielzahl an Modellen, die in den meisten Fällen auf bruchmechanischen Ansätzen basieren, da die Größe des Defekts als Ausgangsrisslänge angenommen werden kann. Im Folgenden werden zwei dieser Modelle, das Modell nach Murakami und das nach Shiozawa, vorgestellt. Einen sehr guten Überblick über weitere defektbasierte Ermüdungsmodelle bieten u. a. die Veröffentlichungen von Murakami und Endo [96] oder aktuellere Übersichtsveröffentlichungen von Zerbst et al. [97–99] und Nadot [100].

2.3.1   Defektdominiertes Ermüdungsverhalten – Das Modell nach Murakami

Nach Murakami [101] ist die Ermüdungsfestigkeit von Stählen gleichzusetzen mit einer Spannung, ab der vorhandene Risse nicht mehr ausbreitungsfähig sind. Nach seinen Beobachtungen ist 2–3 % unterhalb dieses werkstoffabhängigen Grenzwerts keine Rissentstehung und kein Risswachstum ausgehend von bereits vorhandenen Rissen feststellbar. Dem Schwellenwert des SIF ΔK_{th} kommt bei diesen Beobachtungen eine besondere Rolle zu, um die maximal ertragbare Spannung von belasteten Bauteilen mit vorhandenen Defekten bestimmen zu können. Dabei gilt, dass Bauteile mit bereits vorhandenen, aber kleinen Defekten einen größeren Schwellenwert und somit auch eine höhere Ermüdungsfestigkeit aufweisen als Bauteile mit großen Defekten.

Grundlage des Modells nach Murakami ist der sog. $\sqrt{\text{area}}$-Parameter, der als vereinfachte Hilfsgröße eine Beschreibung der vorhandenen Defektgröße als Ersatz für die Anfangsrisslänge a_0 darstellt. Er ist definiert als die Quadratwurzel der Fläche des zur Ebene senkrecht zur maximal wirkenden Spannung projizierten Defekts, Abbildung 2.10.

Abbildung 2.10
Definition der projizierten
Defektfläche area senkrecht
zur maximalen Spannung
nach Murakami; adaptiert
nach [101]

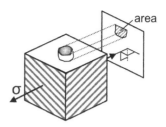

Zur Berechnung von ΔK_{th} verwendet das Modell die Vickershärte HV als Werkstoffparameter und die Defektgröße $\sqrt{area}$ als Anfangsrisslänge. Gemäß dem Modell korreliert die Defektgröße bis ca. 1000 μm mit ΔK_{th}, wodurch sich bei doppeltlogarithmischer Skalierung der Diagrammachsen Geraden mit einer Steigung von 1/3 ergeben, Abbildung 2.11. Dabei kann folgende Beziehung aufgestellt werden, Gl. 2.9.

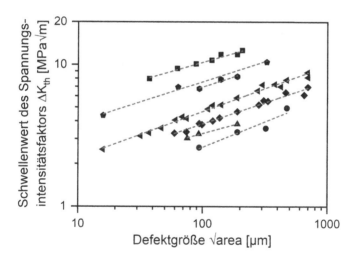

Abbildung 2.11 Korrelation des Schwellenwerts des Spannungsintensitätsfaktors ΔK_{th} mit der Defektgröße $\sqrt{area}$; Daten aus [101]

$$\Delta K_{th} \propto \sqrt{area}^{1/3} \qquad \text{(Gl. 2.9)}$$

Aufgrund von empirischen Beobachtungen konnte Murakami jedoch feststellen, dass sich die Ermüdungsfestigkeit von defektbehafteten Proben nicht direkt proportional zur Härte verhält, da in weicheren Werkstoffen eher nichtausbreitungsfähige Risse vorgefunden wurden als in härteren. Durch Auftragung von $\Delta K_{th}/(\sqrt{area})^{1/3}$ gegen HV war es möglich, folgende Gl. 2.10 zur Berechnung von ΔK_{th} aufzustellen.

$$\Delta K_{th} = 3{,}3 \cdot 10^{-3}(HV + 120)(\sqrt{area})^{1/3} \qquad \text{(Gl. 2.10)}$$

Die Gleichung führte zu zufriedenstellenden Ergebnissen für Stähle mit Härtewerten im Bereich 70–720 HV.

Zur Berechnung des SIF an einem Defekt verwendet Murakami ebenfalls seinen $\sqrt{area}$-Parameter als Ausgangsrisslänge und modifiziert Gl. 2.7 um Gl. 2.11 zu erhalten.

$$\Delta K = Y_1 \cdot \Delta\sigma \cdot \sqrt{\pi \sqrt{area}} \qquad \text{(Gl. 2.11)}$$

Dazu wird $\Delta\sigma$ in MPa und $\sqrt{area}$ in m eingesetzt. Y_1 ist davon abhängig, ob es sich um einen Defekt an der Werkstoffoberfläche oder im Inneren handelt, sodass dieser entweder den Wert $Y_1 = 0{,}65$ (Oberfläche) oder 0,5 (intern) einnimmt.

Wenn nun anstatt ΔK in Gl. 2.11 ΔK_{th} aus Gl. 2.10 eingesetzt wird, kann durch Umstellen der Gleichung eine Spannung berechnet werden, bei der vorhandene Risse mit der Größe $\sqrt{area}$ nicht mehr ausbreitungsfähig sind. Diese Spannung entspricht somit der Ermüdungsfestigkeit σ_w, die mit Gl. 2.12 berechnet werden kann und der Ermüdungsfestigkeit unter $R = -1$ (Umlaufbiege- oder Zug-Druck-Wechselbeanspruchung) entspricht.

$$\sigma_w = Y_2 \frac{(HV + 120)}{\sqrt{area}^{1/6}} \qquad \text{(Gl. 2.12)}$$

Zu beachten ist, dass $\sqrt{area}$ hier in μm anzugeben ist. Der Vorfaktor Y_2 ergibt sich erneut je nach Position des Defekts zu $Y_2 = 1{,}43$ (Oberfläche), 1,41 (direkt unterhalb der Oberfläche bzw. im Kontakt mit der Oberfläche) oder 1,56 (intern). Das Besondere des Modells ist die einfache Anwendbarkeit, da bis auf die Härte des zu untersuchenden Werkstoffs und Informationen über die Größe der vorhandenen Defekte, keine weiteren Angaben notwendig sind. So können z. B. metallografische Schliffe erstellt werden, um die Größe von Poren oder nichtmetallischen Einschlüssen zu ermitteln [102] oder es werden computerto-mografische Untersuchungen durchgeführt, die es direkt ermöglichen, die Größe des kritischsten Defekts in einer Probe oder einem Bauteil zu bestimmen [103].

Die mit dem Modell berechnete Abschätzung der Ermüdungsfestigkeit zeigt laut Murakami eine Abweichung von maximal 10 %, wobei bestimmte Stähle von seinem Modell explizit ausgenommen werden [101]. Sowohl $\sqrt{area}$ als vereinfachte Beschreibung der Ausgangsrisslänge als auch die Berechnung von σ_w wurde bereits in einer Vielzahl an Veröffentlichungen bestätigt und es existieren verschiedene Modifikationen und Erweiterungen, z. B. nach Noguchi et al. [104] zur Übertragbarkeit des Modells auf Nichteisen-Werkstoffe oder nach Liu et al. [105] bis zu einer Grenzlastspielzahl von $N_G = 10^9$.

2.3.2 Defektdominiertes Ermüdungsverhalten – Das Modell nach Shiozawa

In seinen Untersuchungen stellten Shiozawa et al. [106] fest, dass bestimmte Proben eines niedriglegierten NiCrMo-Stahls (JIS SNCM439, 5CrNiMoVA), die aufgrund eines nichtmetallischen Einschlusses unter Ermüdung versagten, eine charakteristische Fläche um diesen Einschluss auf der Bruchfläche aufwiesen. Dadurch konnte nicht nur unterschieden werden, wo sich ein bruchauslösender Defekt befand (Oberfläche oder Probeninneres), sondern auch, ob sich eine sogenannte granulare helle Fläche (GBF, engl. Granular Bright Facet) um den Einschluss gebildet hatte. Die Entstehung dieser GBF verknüpfen Shiozawa et al. mit einer Bruchlastspielzahl $N_B \geq 10^6$ und einem SIF von $\Delta K \leq 4,0$ MPa$\sqrt{m}$ von bruchauslösenden Einschlüssen im Probeninneren des untersuchten Stahls.

Auf Basis dieser Beobachtungen teilen Shiozawa et al. die Lebensdauer in drei Bereiche ein:

1. Rissinitiierung und -wachstum im Bereich der GBF
2. Risswachstum im Bereich des Fischauges
3. Risswachstum bis zur Oberfläche

Das Risswachstumsverhalten im Bereich der GBF kann auf diese Weise mit dem Paris-Erdogan-Gesetz für stabiles Risswachstum gem. Gl. 2.8 beschrieben werden. Um die Bruchlastspielzahl berechnen zu können, wird diese Gleichung vom bruchauslösenden Defekt bis zum Rand der GBF integriert, wofür die $\sqrt{area}$ Werte des Einschlusses und der GBF ($\sqrt{area}_{GBF}$) eingesetzt werden und man Gl. 2.13 erhält.

$$(\Delta K)^{m_S}\left(\frac{N_B}{\sqrt{area}}\right) = \frac{2}{C_S(m_S - 2)}\left(1 - \frac{1}{\left(\sqrt{area_{GBF}/area}\right)^{m_S/2 - 1}}\right)$$

(Gl. 2.13)

Indem angenommen wird, dass $\sqrt{area_{GBF}} \gg \sqrt{area}$ und der werkstoffabhängige Parameter m_S relativ groß (z. B. im Bereich 2–7) ist [107], kann der hintere Ausdruck der Gl. 2.13 in der Klammer vernachlässigt werden und die Gleichung vereinfacht sich zu Gl. 2.14. Genauso wie m_S ist C_S ein werkstoffabhängiger Parameter.

$$(\Delta K)^{m_S}\left(\frac{N_B}{\sqrt{area}}\right) = \frac{2}{C_S(m_S - 2)}$$

(Gl. 2.14)

Indem nun ΔK gegen die defektgrößenspezifische Bruchlastspielzahl $N_B/\sqrt{area}$ doppeltlogarithmisch aufgetragen wird, können die werkstoffabhängigen Konstanten C_S und m_S mittels dieser Anpassungsfunktion bestimmt werden (Abbildung 2.12).

Abbildung 2.12
Zusammenhang zwischen
Spannungsintensitätsfaktor
ΔK und
defektgrößenspezifischer
Bruchlastspielzahl nach
Shiozawa am Beispiel des
Stahls SUJ2; Daten aus
[108]

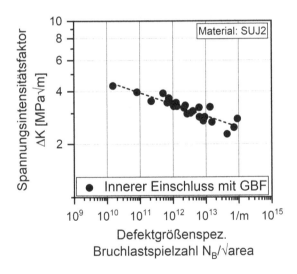

Mithilfe dieser Konstanten ist es möglich, werkstoff- und defektgrößenspezifische Wöhler-Kurven zu berechnen. Auf diese Weise konnte von Shiozawa et al. gezeigt werden, dass der Grund für die Streuung in den experimentellen Daten maßgeblich durch die Unterschiede in der Defektgröße war. Da Rissinitiierung und -wachstum im Bereich der GBF laut Shiozawa et al. mehr als 90 % von N_B ausmachen, kann die weitere Risswachstumsphase vernachlässigt werden und auf diese Weise schon mit hoher Genauigkeit die Bruchlastspielzahl abgeschätzt werden.

Shiozawa et al. [106] wiesen ebenfalls nach, dass auch das Risswachstum ausgehend von Oberflächen auf diese Weise beschrieben werden kann und durch das Modell ein deutlich schnelleres Risswachstum von Oberflächendefekten als von Einschlüssen im Probeninneren festgestellt wurde. Dies lässt darauf schließen, dass das Vorhandensein einer GBF keine Voraussetzung für eine Anwendbarkeit des Modells ist und die Vereinfachung in Form von Gl. 2.14 weiterhin seine Gültigkeit behält.

2.4 Korrosions- und Korrosionsermüdungsverhalten austenitischer CrNi-Stähle in wässriger Lösung

2.4.1 Korrosionsmechanismen austenitischer CrNi-Stähle

Die Korrosion von metallischen Werkstoffen in wässrigen Lösungen ist ein Vorgang, bei dem eine Wechselwirkung zwischen Grundwerkstoff und dem umgebenden Medium stattfindet. Diese stellt eine chemische, elektrochemische oder physikalische Reaktion dar, bei der eine Umwandlung von metallischen Werkstoffen in einen nicht-metallischen Zustand stattfindet, wodurch z. B. technische Systeme stark in ihrer Funktion eingeschränkt werden können [109]. Diese Korrosionserscheinung wird auch Korrosionsschaden genannt, der im schlimmsten Fall zu Systemausfällen führen kann.

Die bei der Korrosion stattfindende Phasengrenzreaktion wird auch elektrolytische Korrosion genannt, da sie an der Phasengrenze Elektrolytlösung/Grundwerkstoff stattfindet [109]. Die Elektrolytlösung zeichnet sich dadurch aus, dass die darin gelösten Substanzen in ionischer Form (Anionen und Kationen) vorliegen, wodurch das System Metall-Elektrolyt zu einem elektrisch leitenden System wird. Dieses elektrische oder elektrolytisch leitende System ermöglicht den Austausch von Elektronen zwischen Metall und Elektrolyt, wodurch eine Korrosionsreaktion erst möglich wird.

Eine für Stähle relevante Reaktion ist die wässrige Korrosion von Eisen, die zu der typischen Bildung des Korrosionsprodukts Rost führt. Läuft diese Reaktion unter Anwesenheit von im Medium gelöstem Sauerstoff ab, löst sich das Eisen auf (anodische Teilreaktion Gl. 2.15), während die kathodische Teilreaktion gem. Gl. 2.16 abläuft.

$$Fe \rightarrow Fe^{2+} + 2e^- \qquad \text{(Gl. 2.15)}$$

$$O_2 + 2H_2O + 4e^- \rightarrow 4OH^- \qquad \text{(Gl. 2.16)}$$

Da die kathodische Teilreaktion, Gl. 2.16, bei Sauerstoffmangel nur sehr langsam ablaufen kann und damit die Geschwindigkeit der Gesamtreaktion bestimmt, würde Eisen in luftfreier Umgebung eine annähernd vernachlässigbare Korrosionsrate aufweisen. Sobald dem System jedoch Sauerstoff zur Verfügung steht, wird die kathodische Reaktion signifikant beschleunigt.

Diese sehr allgemeine Beschreibung des Korrosionsvorgangs an Eisen gibt allerdings nur eine von mehreren parallel ablaufenden Reaktionen wieder, die nach einiger Zeit aufgrund der Ausbildung verschiedener Korrosionsprodukte immer weiter an Komplexität zunimmt. Auch gilt dieser Vorgang vornehmlich für die gleichmäßig über die ganze Oberfläche stattfindende Flächenkorrosion in annähernd neutraler Lösung (pH $\approx$ 7) [109].

Für korrosionsbeständige austenitische CrNi-Stähle besteht im Allgemeinen eine, wie der Name schon suggeriert, sehr gute Korrosionsbeständigkeit gegenüber gleichmäßiger Flächenkorrosion, da sich ab einem Cr-Anteil von mind. 12 Gew.-% [110] eine sehr dünne Schicht aus Cr- und Fe-Oxiden und Hydroxiden auf der Oberfläche ausbildet [109,111], die aufgrund ihrer Schutzwirkung auch Passivschicht genannt wird.

Dennoch können aufgrund von z. B. chloridhaltigen Medien auch in austenitischen CrNi-Stählen verschiedene Korrosionsformen auftreten. Dabei handelt es sich primär um folgende Formen des Korrosionsangriffs:

- Lochkorrosion (engl. Pitting Corrosion)
- Spaltkorrosion
- Interkristalline Korrosion
- Spannungsrisskorrosion (SpRK)
- Schwingungsrisskorrosion bzw. Korrosionsermüdung

Im Gegensatz zur gleichmäßigen Flächenkorrosion treten diese Korrosionsformen lokalisiert aufgrund der Bildung von lokalen Aktiv-Passivelementen auf [112], die aufgrund des Flächenverhältnisses, kleine Lokalanode zu großer Kathode in Form der Probenoberfläche, eine sehr hohe Korrosionsgeschwindigkeit aufweisen. Wirkt zusätzlich noch wie bei der SpRK und der Korrosionsermüdung eine mechanische Belastung, kommt es aufgrund von Wechselwirkungen zwischen

Korrosionsmedium und Riss zu einer weiteren Beschleunigung des Korrosionsangriffs.

Die Loch- und Spaltkorrosion zeichnen sich dadurch aus, dass sie nur auftreten, wenn ein Werkstoff eine Passivschicht aufweist. Zu Beginn läuft in beiden Fällen die gleichmäßig über die ganze Oberfläche verteilte anodische Metallauflösung, Gl. 2.15, und die kathodische Reaktion, Gl. 2.16, ab. Im nächsten Schritt kommt es zu einer lokalen Beschädigung der Passivschicht. In chloridhaltigen Medien kommt es zur Adsorption von Cl^--Ionen an energetisch günstigen Stellen in die Passivschicht, die dadurch kontinuierlich aufgelöst wird. Neben dem Adsorptionsmechanismus werden in der Literatur weitere Varianten zur Auflösung oder Beschädigung der Passivschicht in Form des Penetrations- und Schichtrissmechanismus diskutiert [109]. Als besonders kritisch werden außerdem Mangansulfide, MnS, gesehen, die eine lokale Störung der Passivschicht und damit einen präferierten Angriffspunkt für die Lochkorrosion bieten [113]. Nach Abbildung 2.13 kann es anschließend entweder zur Repassivierung oder zur Ausbildung eines lokalen Aktiv-Passivelements kommen.

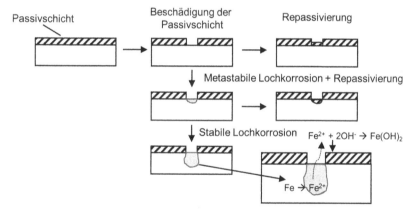

Abbildung 2.13 Schematischer Ablauf der Lochkorrosion

Im nächsten Schritt tritt entweder metastabile Lochkorrosion auf, die sich durch kontinuierliche Loch- bzw. Pitting-Bildung und Repassivierung auszeichnet, oder es kommt zu stabilem Lochwachstum und zur Ausbildung einer Konzentrationszelle aufgrund des lokal verbrauchten Sauerstoffs. Dadurch sinkt der pH-Wert kontinuierlich gem. Gl. 2.17 aufgrund der Entstehung von Oxoniumionen (H_3O^+ bzw. vereinfacht H^+) [114].

$$Fe^{2+} + 2H_2O \rightarrow Fe(OH)_2 + 2H^+ \qquad \text{(Gl. 2.17)}$$

In diesem Schritt ähneln sich Loch- und Spaltkorrosion, da die Sauerstoffkonzentration in Spalten ebenfalls abnimmt. Da aufgrund der parallel weiterhin ablaufenden Metallauflösung kontinuierlich Fe^{2+} gebildet wird, wandern Cl^--Ionen ins Loch oder den Spalt, um einen Ladungsausgleich zu bewirken und es entsteht $FeCl_2$, das mittels Hydrolyse zu wasserunlöslichen Korrosionsprodukten, Oxoniumionen und Cl^- reagiert, Gl. 2.18, die nun wieder für die Lochkorrosion verfügbar sind, weshalb die Korrosionsform auch als autokatalytisch ablaufend bezeichnet wird.

$$FeCl_2 + H_2O \rightarrow FeClOH + H^+ + Cl^- \qquad \text{(Gl. 2.18)}$$

Der Unterschied in Loch- und Spaltkorrosion kann darin gesehen werden, dass Lochkorrosion durch zufällige, mikroskopische Inhomogenitäten auf der Werkstoffoberfläche entsteht, während Faktoren für die Spaltkorrosion durch makroskopische geometrische Randbedingungen vorgegeben werden. [115–117]

Interkristalline Korrosion wird durch das Vorhandensein von Cr-reichen Karbiden in Form von $Cr_{23}C_6$ begünstigt, die im Temperaturbereich von T = 450–850 °C an den Korngrenzen gebildet werden. Dadurch kommt es zu einer Chromverarmung in Korngrenzennähe, wodurch der lokale Chromgehalt unter 12 Gew.-% sinkt und die (Re-)passivierungsfähigkeit eingeschränkt wird. Bei einem Korrosionsangriff erfolgt ein selektiver Angriff auf die Korngrenzen, die in interkristalliner Korrosion resultiert. Häufig kommt es zu dieser Art der Chromverarmung in Wärmeeinflusszonen beim Schweißprozess oder bei einer falschen Wärmebehandlung. [117] Über eine Anpassung der Legierungszusammensetzung kann die Beständigkeit gegenüber interkristalliner Korrosion erhöht werden. Durch Senkung des C-Gehalts unterhalb von 0,03 Gew.-% kann die Karbidbildung bereits reduziert und Chromverarmung verhindert werden.

Austenitische Stähle sind ebenfalls anfällig für Spannungsrisskorrosion, die bei diesen Stählen trans- und interkristallin erfolgen kann. Unter der SpRK versteht man die Rissausbreitung aufgrund einer statischen oder schwellenden Zugbelastung bei gleichzeitig überlagerter Korrosion [109]. Randbedingungen sind entweder ein chloridhaltiges Medium, hohe pH-Werte, wie sie in der chemischen und petrochemischen Industrie vorkommen können oder auch reines Wasser in Leichtwasserreaktoren bei T $\approx$ 290 °C [114,118,119]. Derartige Risse zeigen praktisch keine plastische Verformung und verlaufen senkrecht zur maximalen Zugspannung. Zur SpRK existieren zwei vereinfachte Mechanismen. Zum einen kann die anodische Auflösung des Metalls an der Rissspitze erfolgen, da Rissflanken und Werkstoffoberfläche passivieren und somit ein Aktiv-Passivelement entsteht, Abbildung 2.14 a). Da die Rissspitze aufgrund von Gleitbändern ungeschützte Metalloberfläche freilegt, kann die anodische Auflösung in diesem Bereich stattfinden. Zum anderen ist eine Wasserstoffversprödung der Rissspitze durch die kathodische Reaktion der Entstehung von elementarem Wasserstoff möglich, die das Risswachstum begünstigt, Abbildung 2.14 b). Eine Phasenumwandlung von Austenit zu α'-Martensit begünstigt die Wasserstoffversprödung, da Wasserstoff in Martensit schneller diffundieren kann. Ein höherer Martensitgehalt führt demnach zu einer höheren Empfindlichkeit gegenüber kathodischer SpRK [120]. Kerben oder Furchen begünstigen die Rissbildung der SpRK ebenso wie eine vorherige Lochkorrosion.

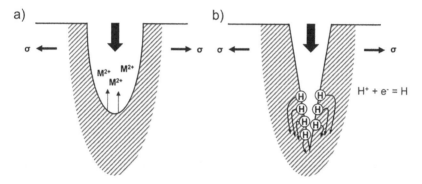

Abbildung 2.14 Schematischer Mechanismus der Spannungsrisskorrosion a) anodische Metallauflösung; b) kathodische Bildung von Wasserstoff; adaptiert nach [114]

Während die SpRK eine quasistatische Zugbelastung berücksichtigt, findet bei der Schwingungsrisskorrosion oder Korrosionsermüdung eine zyklische Belastung des Bauteils unter korrosiven Bedingungen statt. Das Vorhandensein des Korrosionsmediums kann dazu führen, dass Rissinitiierung und Risswachstum unter Ermüdung beschleunigt ablaufen und die Bauteileigenschaften negativ beeinflusst werden [114]. Beim Risswachstum muss berücksichtigt werden, ob die Korrosionsermüdung von der SpRK überlagert wird, da beide Mechanismen parallel stattfinden können. Man spricht entweder von der echten Korrosionsermüdung oder im Fall einer Überlagerung von der Spannungskorrosionsermüdung. Allgemein kann davon ausgegangen werden, dass ein Werkstoff, der anfällig für SpRK ist, diese auch unter Korrosionsermüdung zeigt. Spannungs-korrosionsermüdung wird ebenso durch eine schwellende Belastung mit einem Spannungsverhältnis R ≥ 0 begünstigt. [109]

Das Korrosionsermüdungsverhalten wird stark von der Prüffrequenz beein-flusst, da der überlagerte Korrosionsangriff mit zunehmender Dauer fortschreitet. Gleichzeitig ist eine Beschädigung der Passivschicht notwendig, damit die anodische Metallauflösung stattfinden kann. So können z. B. aufgrund von Loch-korrosion oder interkristalliner Korrosion präferierte Orte für eine Rissinitiierung entstehen. Ein Aufreißen der Passivschicht kann ebenso durch die Entstehung von Extrusionen und Intrusionen verursacht werden. Dadurch kommt es zu einer schnellen, anodischen Metallauflösung auf ungeschützten Extrusionsflan-ken, Abbildung 2.15.

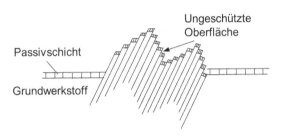

Abbildung 2.15
Aufreißen der Passivschicht
aufgrund von Extrusionen,
adaptiert nach [121]

Passivschicht

Ungeschützte
Oberfläche

Grundwerkstoff

Im Anschluss daran kann, ähnlich zur SpRK, ein beschleunigtes Risswachs-tum aufgrund von anodischen oder kathodischen Reaktionen auftreten, sodass bei der Ermüdung im Korrosionsmedium sowohl eine Reduzierung der zur Rissiniti-ierung benötigten Lastspielzahl als auch eine kürzere stabile Risswachstumsphase beobachtet werden kann.

2.4.2 Korrosionsverhalten des mittels PBF-LB hergestellten Stahls AISI 316L

Das Korrosionsverhalten von PBF-LB AISI 316L wird maßgeblich durch die vorhandene Mikrostruktur, aber auch durch Poren und Defekte beeinflusst [122], wodurch es zu einer Beeinträchtigung der Passivschicht kommen kann und z. B. Lochkorrosion begünstigt wird. Untersuchungen zeigen, dass die Pas-sivschicht von PBF-LB AISI 316L in säurehaltigen Medien besser vor einem Korrosionsangriff schützt als konventionelles Material, wobei sowohl eine langsa-mere Korrosionsrate als auch ein höheres Durchbruchpotenzial festgestellt wurde

[111,123]. Außerdem bildet PBF-LB AISI 316L eine dickere Passivschicht aufgrund der vergleichsweise höheren Versetzungsdichte aus, da Versetzungen das Wachstum der Passivschicht begünstigen. Demgegenüber wurde eine schlechtere Repassivierungsfähigkeit festgestellt, was durch vorhandene Poren an der Oberfläche verursacht wird. In diesen kann es zu einer Art Spaltkorrosion kommen, wodurch Repassivierungsvorgänge verhindert werden [122,123]. Ähnliches konnten Itzak und Aghion [124] auch an einem pulvermetallurgisch hergestellten austenitischen Stahl mit einer Porosität von 10–30 % feststellen. Zusätzlich zu Poren und anderen Defekten konnte auch beobachtet werden, dass ein selektiver korrosiver Angriff entlang der Schmelzbadränder erfolgt. Dies wurde mit einer großen Grenzflächenspannung und Mikroporen korreliert, die dies begünstigen [125,126].

Einschlüsse in Form von MnS oder größeren Al, Ca-Oxiden wurden bisher aufgrund der hohen Erstarrungsraten in PBF-LB AISI 316L nicht vorgefunden, während sich diese in klassischen Gussverfahren bilden können. Aus diesem Grund weisen mittels PBF-LB hergestellte Stähle ein höheres Lochkorrosionspotenzial in chloridhaltigen Medien in Vergleich zu konventionellen Bauteilen auf [125,126]. Sander et al. [127] fanden ebenfalls einen höheren Widerstand gegenüber Lochkorrosion und eine geringere Neigung zu metastabiler Lochkorrosion in PBF-LB AISI 316L. Im Gegensatz dazu begünstigt eine hohe Porosität metastabile Lochkorrosion, was sowohl mit einer schlechteren Schutzwirkung der Passivschicht in den Poren als auch mit einem schlechteren Repassivierungsverhalten in Verbindung gebracht wurde. Trelewicz et al. [128] berichten von dazu genau gegenteiligen Ergebnissen in Form einer schlechteren Korrosionsbeständigkeit im Vergleich zu konventionellem Material, dass auf die lokale Anreicherung von Mo in den Wänden der zellulären Subkornstruktur zurückgeführt wurde.

Untersuchungen von Melia et al. [129] zum Korrosionsverhalten von PBF-LB AISI 316L mit as-built Oberfläche zeigen auf, dass diese eine höhere Anfälligkeit gegenüber Lochkorrosion besitzt. Eine Nachbearbeitung der Oberfläche mittels Schleifen und elektrolytischen Polieren führt zu einem ähnlichen Korrosionsverhalten wie der konventionelle Werkstoff.

2.4.3 Korrosionsermüdungsverhalten des Stahls AISI 316L

Aufgrund der Verwendung von AISI 316L als Implantatwerkstoff existieren verschiedenste vergleichende Untersuchungen zum Korrosionsermüdungsverhalten von AISI 316L in NaCl und synthetischen Körperflüssigkeiten, während zu PBF-LB AISI 316L bisher nur sehr wenig vergleichbare Ergebnisse vorliegen. Cahoon und Holte [130] untersuchten das Korrosionsermüdungsverhalten von AISI 316 an Luft und in einer synthetischen Körperflüssigkeit. Die Ergebnisse der Ermüdungsversuche im Medium zeigten eine Reduzierung der Ermüdungsfestigkeit um 10–15 %, die sie auf das Vorhandensein von Kerben an der Oberfläche zurückführten, in denen es zu Spaltkorrosion kommen kann, wodurch auch Korrosionsermüdung begünstigt wird. Maruyama et al. [131] charakterisierten das Korrosionsermüdungsverhalten von AISI 316L in simulierter Körperflüssigkeit mit unterschiedlichen pH-Werten. Dabei stellten sie fest, dass mit sinkendem pH-Wert auch die Korrosionsermüdungsfestigkeit sinkt. Trotz der überlagerten Korrosion konnten allerdings keine Anzeichen für Lochkorrosion auf der Oberfläche oder als Rissinitiierungsort festgestellt werden. Daraus schlussfolgerten sie, dass primär die Schutzwirkung der Passivschicht sowie dessen Repassivierungsvermögen Einfluss auf die Korrosionsermüdungseigenschaften hat. Die Ergebnisse von Taira und Lautenschlager [121] am Stahl AISI 316L in 0,9%iger NaCl-Lösung bei $T = 37\ °C$ im Vergleich zu Versuchen an Luft zeigen eine deutliche Reduzierung der Bruchlastspielzahl auf jedem geprüften Spannungsniveau. Gleichzeitig zeigte sich im Verlauf des Versuchs auf Basis von Stromdichtemessungen, dass es während der zyklischen Belastung zu metastabiler Lochkorrosion kam.

Merot et al. [132] untersuchten zwar nicht direkt das Korrosionsermüdungsverhalten von PBF-LB AISI 316L, provozierten aber mittels potentiodynamischer Polarisation Lochkorrosion und verglichen den Einfluss dieser Pittings auf das Ermüdungsverhalten mit künstlich eingebrachten Defekten. Dabei zeigte sich ein direkter Zusammenhang zwischen Pittinggröße und Ermüdungsfestigkeit, der sich genauso für die künstlich eingebrachten Defekte einstellte. Allerdings stellten sie auch fest, dass Lochkorrosion nicht in prozessbedingten Oberflächenporen stattgefunden hatte.

Das Korrosionsermüdungsverhalten von PBF-LB AISI 316L wurde von Gnanasekaran et al. [133] untersucht und mit konventionellem Material verglichen. Dabei zeigte sich, dass beide Werkstoffe eine vergleichbare Ermüdungsfestigkeit an Luft aufweisen, diese aber in 3,5%iger NaCl-Lösung um mehr als 30 % von 475 auf 325 MPa abnimmt, während der PBF-LB AISI 316L lediglich um 25 MPa von 475 auf 450 MPa sinkt. Genaue Informationen über den Rissursprung wurden jedoch nicht angegeben, sodass nicht klar ist, ob Lochkorrosion, prozessbedingte Defekte oder eine Kombination aus beidem zum Versagen geführt haben.

2.5 Das Legierungselement Stickstoff in austenitischen CrNi-Stählen

Stickstoff gilt in austenitischen Stählen als ein Legierungselement, dass sich besonders positiv auf die mechanischen und korrosiven Eigenschaften auswirkt [134]. Häufig wird in diesem Zusammenhang von hochstickstoffhaltigen Stählen (HNS, engl. High Nitrogen Steel) gesprochen. Allgemein werden Stähle von 0,1 Gew.-% N (kriechresistente Stähle) bis zu 2 Gew.-% N (spezielle Werkzeugstähle) als HNS bezeichnet. Eine Verarbeitung stickstoffhaltiger Stahle ist z. B. über druckmetallurgische Verfahren wie Druckinduktionsöfen, Gegendruckverfahren oder Druck-Elektroschlacke-Umschmelzen (DESU), aber auch mittels Plasma-Rotations-Elektroden-Verfahren [135] möglich. Dies ist notwendig, da die N-Löslichkeit in der Eisenschmelze mit 0,045 Gew.-% bei 1600 °C bei Atmosphärendruck signifikant geringer ist als im α- (0,08 Gew.-% N) bzw. γ-Kristallgitter (0,4 Gew.-%) [136]. Der Zusammenhang von Druck und N-Löslichkeit folgt dabei Sieverts Quadratwurzelgesetz, wonach die N-Löslichkeit in der Schmelze proportional zur Quadratwurzel des N_2-Partialdrucks über der Schmelze ist [137]. Aufgrund der hohen Verarbeitungsdrücke wird ein Ausgasen des Stickstoffs bei Überschreitung der N-Löslichkeit umgangen.

Da diese Verfahren aber mit einer aufwendigen Prozessführung und einem hohen apparativen Aufwand einhergehen, kann über ein gezieltes Legierungsdesign die N-Löslichkeit im Stahl erhöht werden [138]. Bestimmte Legierungselemente, maßgeblich die Elemente Cr und Mn, eignen sich besonders für diese Herangehensweise, da sie die Stickstoffaktivität senken [139]. Andere Legierungselemente, die die Stickstoffaktivität in noch größerem Maße senken, sind Ti, V und Nb, die aber gleichzeitig auch die Bildung spröder und damit unerwünschter Nitride bewirken können. Ein erhöhter Cr-Gehalt stabilisiert zusätzlich die ferritische Phase, wodurch es bei höheren Gehalten zu einer ungewollten Ausbildung von Ferrit kommt. Damit einher geht eine bereits erwähnte deutlich reduzierte N-Löslichkeit in α-Fe, bei deren Überschreitung es zu einer Rekombination von N zu elementarem N_2 und einem Aufschäumen der Restschmelze kommen kann.

2.5.1 Einfluss des Stickstoffs auf die mechanischen Eigenschaften austenitischer CrNi-Stähle

Durch die Erhöhung des Stickstoffgehalts im Werkstoff Stahl können die mechanischen Eigenschaften in vielerlei Hinsicht verbessert werden. Für eine ausführliche Übersicht über den Einfluss von Stickstoff auf die mechanischen Eigenschaften wird auf die Übersichtsarbeit von Gavriljuk und Berns [140] verwiesen.

In ihrer gelösten Form führen Kohlenstoff und Stickstoff zu einer Festigkeitssteigerung in austenitischen Stählen, die auf dem Prinzip der Mischkristallverfestigung (MKV) basiert. Gleichzeitig stabilisieren C und N die austenitische Phase. Stickstoff wird deshalb auch gerne in Kombination mit dem günstigen Legierungselement Mn dazu genutzt, das teurere Element Ni ganz oder teilweise zu ersetzen, ohne dass es zu einer Ausbildung von ferritischen Phasenanteilen kommt [113,141,142]. Die MKV führt zu einer Erhöhung von Streckgrenze, Zugfestigkeit, Härte, Ermüdungs- und Korrosionsermüdungsfestigkeit [143–145] ohne dass es zu einer signifikanten Verschlechterung der Duktilität kommt. Dabei wurde ein linearer Zusammenhang zwischen N-Gehalt und Dehngrenze bzw. Zugfestigkeit festgestellt [136,146], Abbildung 2.16.

Zusätzlich führt Stickstoff zu einer Korngrenzenverfestigung. Diese bewirkt, dass der Korngrenzenwiderstand k_y gemäß der Hall-Petch-Beziehung, Gl. 2.19, bei steigendem Stickstoffgehalt ansteigt, weshalb die Dehngrenze stärker ansteigt als bei einer Erhöhung des C-Gehalts [147].

$$R_{p0,2} = \sigma_0 + k_y \cdot d^{-1/2} \qquad \text{(Gl. 2.19)}$$

σ_0: Startspannung für Versetzungsbewegungen [MPa]; k_y: Korngrenzenwiderstand [MPa$\sqrt{mm}$]; d: mittlere Korngröße [mm]

In seiner Form als interstitiell gelöstes Atom im Fe-Gitter behindert Stickstoff die Versetzungsbewegung stärker als C, sodass die Bildung neuer Versetzungen energetisch günstiger sein kann als das Losreißen ebendieser [140]. Gleichzeitig begünstigt N planares Gleiten durch Herabsetzung der Stapelfehlerenergie (SFE) und erhöht den metallischen Bindungscharakter [145].

Bis zu einem Gehalt von 0,12 Gew.-% wird von einem positiven Einfluss des Stickstoffs auf das LCF-Verhalten von AISI 316L in Form einer höheren Lebensdauer berichtet, während eine Erhöhung auf bis zu 0,4 Gew.-% zu keiner weiteren Verbesserung des Ermüdungsverhaltens führt [140,146]. Das Risswachstumsverhalten in Abhängigkeit vom N-Gehalt in AISI 316L wurde von Babu et al. [148] untersucht, wobei festgestellt wurde, dass ein N-Gehalt von 0,14 Gew.-% zu einer deutlichen Steigerung von ΔK_{th} führt, während dieser Effekt bei Gehalten von 0,08 und 0,22 Gew.-% nicht beobachtet werden konnte. Verursacht wird dies zum einen durch eine verformungsinduzierte Martensitbildung, die durch einen zu hohen Stickstoffgehalt limitiert wird und zum anderen durch den Einfluss von Stickstoff auf die SFE [149]. Untersuchungen von Maeng und Kim

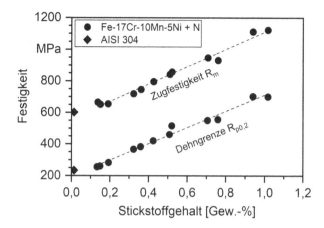

Abbildung 2.16 Zusammenhang zwischen Stickstoffgehalt und quasistatischer Festigkeit am Beispiel des Stahls Fe-17Cr-10Mn-5Ni, Daten aus [136]

[150] zur Versetzungsstruktur an der Ermüdungsrissspitze von AISI 316L und 316LN zeigen, dass N ein Quergleiten von Versetzungen verhindert, wodurch das Risswachstum verlangsamt wird. Ob die SFE durch Stickstoff gesenkt wird, ist allerdings maßgeblich vom Legierungssystem abhängig [139]. Bei sinkender SFE wird in CrMn- und CrMnNi-Stählen die Zwillingsbildung begünstigt, während in CrNi-Stählen eine Festigkeitssteigerung primär auf die MKV zurückgeführt wird [140]. Im Gegensatz dazu führt eine niedrige SFE zur Auslöschung von Versetzungen mit gegensätzlichem Vorzeichen beim Übergang von Druck- zu Zugspannung unter zyklischer Belastung. Ein erhöhter N-Gehalt bewirkt zusätzlich, dass ausschließlich zyklische Entfestigung im Ermüdungsverlauf bei niedriger Dehnungsamplitude beobachtet wird, was ebenfalls mit der planaren Gleitung und einer Herabsenkung der inneren Reibung in Verbindung gebracht wird [145].

2.5.2 Einfluss des Stickstoffs auf das Korrosionsverhalten austenitischer CrNi-Stähle

Stickstoff wirkt sich insbesondere bezogen auf die lokalen Korrosionsangriffsformen positiv aus [134]. Der Einfluss auf die gleichmäßige Flächenkorrosion ist jedoch nicht eindeutig [113]. Während Kohlenstoff dazu neigt, Chromkarbide auszubilden und damit eine lokale Chromverarmung an Korngrenzen bewirkt, erhöht Stickstoff den Widerstand gegen die interkristalline Korrosion und reduziert die Chromverarmung, da Nitride weniger Cr binden als Carbide (Cr_2N und CrN gegenüber $Cr_{23}C_6$). Zusätzlich wird der Widerstand gegen interkristalline SpRK durch die Erhöhung des Stickstoffgehalts verbessert [149].

Der Stickstoff wird dabei mit mehreren Mechanismen in Verbindung gebracht, die eine Steigerung des Korrosionswiderstands bewirken. So führt die Reaktion von im Stahl gelöstem Stickstoff mit Oxoniumionen einer Reduzierung des pH-Werts in Pittings oder Spalten entgegen, Gl. 2.20, indem Ammoniumionen gebildet werden [134,151], wodurch die autokatalytische Reaktion bei der Lochkorrosion verlangsamt oder aufgehalten wird. Auch eine Wechselwirkung zwischen Ammoniumionen und Cl^-Ionen ist möglich [113].

$$N^{3-} + 4H^+ \rightarrow NH_4^+$$ (Gl. 2.20)

Ebenso stabilisiert N die Passivschicht und wirkt einer Auflösung dieser durch Cl^-Ionen entgegen. Der Stickstoff reichert sich dabei an der Grenzschicht zwischen Passivschicht und Grundwerkstoff in Form von Cr-, Mo- und Ni-reichen Nitriden an [113,152]. Gleichzeitig verbessert er die Repassivierungsfähigkeit, sodass eine beschädigte Passivschicht schneller neu gebildet werden kann. Das führt auch dazu, dass zwar nicht die Initiierung von Pittings verhindert wird, aber das stabile Lochwachstum durch Repassivierung unterbunden wird [140,153]. Des Weiteren können Nitrate (NO_2^-, NO_3^-) entstehen, die als Inhibitoren den Korrosionsangriff verlangsamen [113]. Untersuchungen deuten außerdem auf einen synergetischen Effekt von N mit Mo hin, der ebenfalls zu einer erhöhten Beständigkeit gegenüber Loch- und Spaltkorrosion führt [113].

Mithilfe der Wirksumme (PREN, engl. Pitting Resistance Equivalent Number) kann der Widerstand gegen Lochfraß eines korrosionsbeständigen Stahls abgeschätzt werden [113,140]. Die Formel zur Berechnung der PREN ist in Gl. 2.21 angegeben, in der die Gew.-% der Legierungselemente eingesetzt werden müssen.

$$PREN = Cr + 3{,}3Mo + 16N$$ (Gl. 2.21)

An Gl. 2.21 ist auch der positive Einfluss von Stickstoff auf die Korrosionsbeständigkeit deutlich erkennbar, wobei hier neben dem Vorfaktor 16 auch weitere Werte von 13 bis 30 in der Literatur zu finden sind [113,140]. Aufgrund der erhöhten Beständigkeit gegenüber Lochkorrosion bei erhöhtem N-Gehalt kann auch eine Verbesserung des Korrosionsermüdungsverhaltens erwartet werden, da Pittings präferierte Orte für eine Rissentstehung sind [113].

2.5.3 Stickstoff als Legierungselement in additiv gefertigten Stählen

Während Stickstoff neben Argon als Schutzgas während des PBF-LB Prozesses häufig Anwendung findet, sind Untersuchungen mit Stickstoff als Legierungselement von additiv gefertigten Stählen bisher nur in geringem Umfang erfolgt. Zhang et al. [154] verwendeten das drahtbasierte Lichtbogenauftragsschweißen (WAAM, engl. Wire and Arc Additive Manufacturing), um einen CrMn-Stahl mit einem Stickstoffgehalt von 0,99 Gew.-% zu verarbeiten. Während sehr gute mechanische Eigenschaften im Ausgangszustand erzielt werden konnten, zeigten sich größere Mengen an Einschlüssen in Verbindung mit einem sinkenden Stickstoffgehalt nach verschiedenen Wärmebehandlungen, die sich negativ auf die Zugfestigkeit auswirkten. Der Stickstoffgehalt sank nach einer Wärmebehandlung aufgrund der Ausbildung von Cr_2N-Einschlüssen auf bis zu 0,64 Gew.-%. Ein Vanadium-legierter austenitischer CrMn-Stahl mit 1,12 Gew.-% Stickstoff wurde von Reunova et al. [155] mittels drahtbasiertem Elektronenstrahl-Schmelzverfahren verarbeitet. Zwar wies das Gefüge eine deutlich feinere Struktur als der konventionell verarbeitete Stahl auf, jedoch konnten keine Härteunterschiede festgestellt werden. Zusätzlich befanden sich im Gefüge beider untersuchter Zustände verschiedene Carbonitride.

Stern et al. [62] charakterisierten den Werkzeugstahl X30CrMo7-2, der mittels PBF-LB verarbeitet wurde. Das Ausgangspulver wurde vor der Verarbeitung auf einen Stickstoffgehalt von 0,68 Gew.-% durch Gasnitrieren aufgestickt. Nach PBF-LB sank dieser Wert auf 0,47 Gew.-%, was auf eine Ausgasung während der Verarbeitung hindeutet und später mittels CT und Schliffbildern aufgrund der höheren Defektdichte im Vergleich zum unveränderten Ausgangsmaterial bestätigt werden konnte. Unabhängig davon zeigten sich im Druckversuch signifikant höhere Festigkeitswerte, die nach zwei unterschiedlichen Wärmebehandlungen noch weiter gesteigert werden konnten, während die Festigkeit im stickstofflosen Referenzzustand sogar abnahm. Als mögliche Erklärung wurde aufgeführt, dass der hohe Stickstoffgehalt eine Stabilisierung der metastabilen austenitischen Phase bewirkt, die unter der Druckbeanspruchung und nach der Wärmebehandlung in Martensit umwandelt. Gleichzeitig bewirkt der Stickstoff eine Festigkeitssteigerung wie in Abschnitt 2.5.1 beschrieben. Gasnitriertes Pulver aus X40MnCrMoN19-18-1 wurde mittels PBF-LB von Boes et al. [11] erfolgreich verarbeitet, wobei sich ähnliche Festigkeiten bei geringerer Duktilität wie bei einer Verarbeitung des Pulvers durch heißisostatisches Pressen einstellten. Der Stickstoffgehalt sank ebenfalls geringfügig nach dem PBF-LB Prozess. Ähnliche Ergebnisse konnten für den unter Stickstoff gasverdüsten und mittels

PBF-LB verarbeiteten stickstoffhaltigen martensitischen Stahl X30CrMoN15-1
[156] gezeigt werden. Der auf diese Weise eingebrachte Stickstoffgehalt betrug
0,16 Gew.-%, der auf 0,14 Gew.-% nach dem PBF-LB Prozess absank.

Unter Zuhilfenahme einer O_2- und bzw. oder N_2-haltigen Atmosphäre konnten
von Springer et al. [157] unter Verwendung des Lichtbogen- und Laserauf-
tragsschweißens Oxide und Nitride in verschiedene austenitische CrNi-Stähle
eingebracht werden. Dabei konnte ein Stickstoffgehalt von bis zu 0,62 Gew.-%
erreicht werden, der mit der Bildung von Chromnitriden einherging.

Der für den PBF-LB Prozess häufig genutzte Stahl AISI 316L wurde bereits
auf unterschiedliche Weise mit Stickstoff angereichert. Wie von Cui et al. [158]
beschrieben, kann bereits von der für die Zerstäubung verwendete Schmelze
Stickstoff im AISI 316L aufgenommen werden, der auch nach der Pulverver-
düsung mit Stickstoff als Zerstäubergas in den Partikeln nahe der maximalen
Stickstofflöslichkeit erhalten bleibt, sodass das Pulver für den PBF-LB Prozess
verwendet werden kann. Die Verarbeitung eines gasnitrierten AISI 316L Pulvers mittels PBF-LB konnte von Boes et al. [159] erfolgreich gezeigt werden.
Der erhöhte Stickstoffgehalt von bis zu 0,27 Gew.-% im Pulver führte zu einer
höheren Porosität aufgrund von Ausgasung bei gleichzeitiger Reduzierung des
N-Gehalts auf 0,22 Gew.-%. Gleichzeitig konnte eine Steigerung der Zugfestigkeit von $R_m = 616$ auf 762 MPa bei nur geringfügig reduzierter Bruchdehnung
beobachtet werden. Valente et al. [160] erzeugten eine Pulvermischung aus 316L
und Cr_2N, um den N-Gehalt von 0,09 auf 0,31 Gew.-% zu erhöhen. Nach der
PBF-LB Prozessierung zeigte sich nicht nur ein Anstieg der Härte, sondern auch
eine signifikante Verbesserung des Korrosionswiderstands.

Werkstoffe und additive Fertigung 3

3.1 Untersuchte Werkstoffe

Die im Rahmen dieser Arbeit untersuchten Werkstoffe entstammen der Klasse der austenitischen und korrosionsbeständigen CrNi-Stähle. Es wurden insgesamt zwei unterschiedliche Legierungen für die weiteren Untersuchungen verwendet, nämlich die Legierungen X2CrNiMo18-15-3 und X2CrNiMo17-12-2. In der Legierung X2CrNiMo17-12-2 wurde zusätzlich, wie im Folgenden beschrieben, zur Steigerung der mechanischen und chemischen Eigenschaften ein höherer N-Gehalt eingestellt. Alle Legierungen können der Stahlbezeichnung AISI 316L nach ASTM A240 zugeordnet werden, da die Anforderungen an die chemische Zusammensetzung, Tabelle 2.1, eingehalten werden. Die untersuchten Legierungen unterscheiden sich geringfügig im Cr-, Ni- oder dementsprechend im N-Gehalt. Eine Übersicht über die verwendeten Bezeichnungen der Legierungen ist in Tabelle 3.1 angegeben. Die Stähle werden im Folgenden in Anlehnung an die Nomenklatur der Norm ASTM F138 und ASTM A240 als „316LVM", „316L" und „316L+N" bezeichnet. Die Legierung AISI 316LVM, auch AISI 316LS genannt, ist nach ASTM F138 eine Variante des AISI 316L, der insbesondere als Implantatwerkstoff Anwendung findet. Sie unterscheidet sich nur geringfügig vom AISI 316L aufgrund des höheren zulässigen Ni- und Mo-Gehalts.

© Der/die Autor(en), exklusiv lizenziert an Springer Fachmedien Wiesbaden GmbH, ein Teil von Springer Nature 2023
F. J. Stern, *Systematische Bewertung des defektdominierten Ermüdungsverhaltens der additiv gefertigten austenitischen Stähle X2CrNiMo17-12-2 und X2CrNiMo18-15-3*, Werkstofftechnische Berichte I Reports of Materials Science and Engineering, https://doi.org/10.1007/978-3-658-41927-1_3

Tabelle 3.1 Nomenklatur und normgerechte Zuordnung der untersuchten Legierungen

Legierung/ Werkstoff	Bezeichnung gem. DIN 10088–3 [17]	Bezeichnung (gem. ASTM)	Im Folgenden
X2CrNiMo18-15-3	1.4441	AISI 316LVM (F138 [161])	316LVM
X2CrNiMo17-12-2	1.4404	AISI 316L (A240 [16])	316L
X2CrNiMoN17-12-3	1.4429, 1.4406	AISI 316LN (A240 [16])	316L+N

Für die Fertigung der 316LVM Proben wurde das Pulverausgangsmaterial EOS StainlessSteel 316L (EOS GmbH) verwendet. Das Pulver weist eine Partikelverteilung im Bereich d_p = 20–65 μm auf [162].

Das Ausgangspulver für die Probenfertigung des 316L und 316L+N wurde von den Deutschen Edelstahlwerken GmbH mit der Bezeichnung „Printdur 4404" erworben und besitzt eine für das PBF-LB Verfahren optimierte Partikelgröße von d_p = 20–53 μm und einen mittleren Partikeldurchmesser von d_{50} = 44 μm [163]. Im engeren Sinne ist der in dieser Arbeit bezeichnete 316L+N kein konventioneller AISI 316LN, da er durch die im Folgenden beschriebenen Prozessschritte mit Stickstoff angereichert wurde.

Die chemische Zusammensetzung der Werkstoffe (Tabelle 3.2) wurde mittels Funkenspektrometrie am Lehrstuhl für Werkstofftechnik (LWT) der Ruhr-Universität Bochum (RUB) ermittelt. Zur Einstellung des Stickstoffgehalts im 316L erfolgte ebenfalls am LWT der RUB ein Aufstickprozess des Ausgangspulvers bei einem Stickstoffpartialdruck von $p(N_2)$ = 3 bar, einer Temperatur von T = 675 °C und einer Haltedauer von t = 6 h und anschließender Luftabkühlung. Eine genaue Beschreibung des Nitrierprozesses ist in [159,163] zu finden. Der Stickstoffgehalt im Pulver wurde am LWT mittels Trägergasheißextraktion ermittelt und betrug nach dem Aufstickprozess 0,61 Gew.-%. Das aufgestickte Pulver wurde im Anschluss im Verhältnis 82:18 (316L:316L-nitriert) mit dem Ausgangspulver vermischt, um einen N-Gehalt von 0,16 Gew.-% einzustellen. Der Pulvermischvorgang erfolgte am Leibniz-Institut für Werkstofforientierte Technologien (IWT) in Bremen. Der N-Gehalt von 0,16 Gew.-% wurde festgelegt, um die Stickstofflöslichkeit des 316L bei einer abgeschätzten Schmelzetemperatur im PBF-LB Prozess von T = 1700 °C nicht zu überschreiten und Ausgasprozesse während der Verarbeitung zu verhindern [163].

Tabelle 3.2 Chemische Zusammensetzung der untersuchten Werkstoffe in Gew.-% (O in ppm)

Werkstoff	Cr	Ni	Mo	Mn	Si	C	N	O	Fe
316LVM	17,66	13,72	2,83	1,43	0,32	0,002	0,09	–	Bal.
316L	16,61	12,35	2,28	0,65	0,75	0,011	0,072*	355*	Bal.
316L+N	16,60	12,29	2,26	0,64	0,74	0,011	0,158*	377*	Bal.

*gemessen mittels Trägergasheißextraktion am LWT (RUB)

Auf Basis der chemischen Zusammensetzung wurde die M_{d30}-Temperatur zur Bewertung der Austenitstabilität nach Angel [29] (vgl. Abschnitt 2.1.3) berechnet. Die entsprechenden Temperaturen der untersuchten Legierungen sind in Tabelle 3.3 aufgeführt.

Tabelle 3.3
M_{d30}-Temperatur nach Angel [29] für die untersuchten Legierungen

Werkstoff	M_{d30} [°C]
316LVM	−67,7
316L	−24,6
316L+N	−62,1

3.2 Additive Fertigung der untersuchten Werkstoffe

Die Fertigung der 316LVM-Proben in dieser Arbeit erfolgte an den Systemen EOS M290 und M270 der Fa. EOS GmbH am Institut für Produkt Engineering der Universität Duisburg-Essen auf einer Bauplattform mit einer Größe von 250 mm × 250 mm. Die Proben aus 316L und 316L+N wurden am IWT in Bremen mittels PBF-LB an der Anlage AconityMINI der Fa. Aconity GmbH auf einer Bauplattform mit einem Durchmesser von 140 mm gefertigt. Die Prozessparameter können Tabelle 3.4 entnommen werden. In jedem Bauprozess wurde Stickstoff als Schutzgas zur Verhinderung von Oxidationsvorgängen verwendet. Die Energiedichte E zur Einordnung der Prozessparameter wurde mit Gl. 2.1 berechnet.

Tabelle 3.4 PBF-LB Prozessparameter zur Fertigung der untersuchten Proben

Prozessparameter	Werkstoff		
	316L / 316L+N	316LVM	
PBF-LB System	AconityMINI	EOS M290	EOS M270
Laserleistung P [W]	250	195	200
Scangeschwindigkeit v [mm/s]	800	1083	800
Schichtdicke d_S [mm]	0,050	0,020	0,030
Hatch-Abstand h [μm]	100	90	120
Energiedichte E [J/mm³]	62,5	100,0	69,4

Die Scanstrategie für die Probenfertigung aus 316L und 316L+N erfolgte unter Verwendung des sog. „Simple-hatchings" mit einem Startwinkel von 45° und anschließender sukzessiver Rotation der Laserscanrichtung von 90° nach jeder Schicht. Für die Proben aus 316LVM wurde die sog. Scanstrategie „alternating stripes exposure" verwendet [164], bei der die zu fertigenden Schichten in Streifen eingeteilt werden, die nacheinander aufgeschmolzen werden. Anschließend erfolgt für die darauffolgende Schicht eine Rotation des Streifenmusters um 67°.

Die Geometrie der gefertigten Proben aus 316L und 316L+N entspricht Quadern mit den Maßen 10,5 mm × 11 mm × 65 mm (Breite × Höhe × Länge). Diese wurden liegend und ohne Supportstruktur mit direktem Kontakt zur Bauplattform gefertigt und anschließend mittels Drahterodieren von der Plattform getrennt. Weitere kleinere Proben (ca. 7 mm × 8 mm × 37 mm), die ebenfalls in den Baujobs gefertigt wurden, wurden für die mikrostrukturellen Untersuchungen genutzt. Die Proben aus 316LVM entsprechen Zylindern mit einem Durchmesser von d = 10 mm und einer Länge von l = 100 mm. Diese Zylinder wurden mithilfe einer Supportstruktur mit der Bauplattform verbunden und anschließend ebenfalls mittels Drahterodieren von der Plattform entfernt. Zu berücksichtigen ist, dass die Proben am System M290 liegend gefertigt wurden und die Proben am System M270 aufrecht bzw. stehend. Daraus resultiert, dass die Baurichtung der 316L und 316L+N sowie der 316LVM Proben, die an der M290 gefertigt wurden, senkrecht zur späteren Belastungsrichtung steht, während bei den 316LVM Proben (M270) die Baurichtung parallel zur Belastungsrichtung liegt. Eine schematische Übersicht über die Aufbaurichtung ist in folgender Abbildung 3.1 dargestellt. Die Z-Richtung entspricht der Baurichtung, während die XY-Ebene parallel zur Bauplattform ausgerichtet ist.

Abbildung 3.1
Schematische
Positionierung der Proben
auf der Bauplattform in
Abhängigkeit vom
verwendeten PBF-LB
System

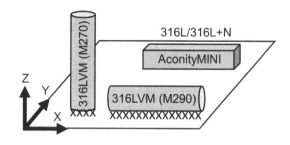

3.3 Probengeometrien

Die im Folgenden aufgeführten Probengeometrien der Proben für die Ermüdungs-
und Korrosionsermüdungsversuche wurden mittels eines klassischen Drehprozes-
ses entweder am Institut für Produkt Engineering der Universität Duisburg-Essen
(316LVM) oder in der Zentralwerkstatt der Fakultät Maschinenbau an der Technischen Universität Dortmund (316L, 316L+N) auf ihre Endkontur gebracht.
Anschließend wurden die Proben manuell im Prüfbereich mit Schleifpapier bis
zu einer Körnung von P2000 auf eine gemittelte Rautiefe $Rz < 1$ µm nach-
bearbeitet, die mit einem taktilen Rauheitsmessgerät stichprobenweise überprüft
wurde. Die Nachbearbeitung erfolgte, um den Einfluss von durch den Dreh-
prozess eingebrachten Riefen auf die Untersuchungen so weit wie möglich
auszuschließen.

3.3.1 Geometrie und Besonderheiten der Proben des Stahls 316LVM

Für die Ermüdungsversuche an der Legierung 316LVM wurden Proben gem.
Abbildung 3.2 mit einer Gesamtlänge von $l \approx 98$ mm aus den zylindrischen
Rohlingen (vgl. Abschnitt 3.2) gefertigt.

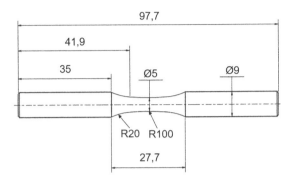

Abbildung 3.2 Probengeometrie der Ermüdungsproben aus 316LVM

Die Besonderheit ist, dass in diese Proben gezielt einzelne Defekte mit einer definierten Geometrie, Größe und Lage eingebracht wurden. Die Defekte wurden dafür in den CAD-Daten der zylindrischen Rohlinge digital erzeugt, sodass im PBF-LB Prozess in diesem Bereich kein Energieeintrag und damit auch keine Verschmelzung des Pulvers erfolgte. Auf diese Weise soll der Einfluss von Defektgröße, -form und -lage auf das Ermüdungs- und Versagensverhalten systematisch charakterisiert werden. Zu diesem Zweck wurden insgesamt zehn unterschiedliche Probenarten gefertigt, die in zwei Gruppen mit unterschiedlicher Probenorientierung und Defektgeometrie sowie einen Referenzzustand aufgeteilt wurden. Die eingebrachten Defektgeometrien besitzen entweder die Form eines Würfels mit einer Kantenlänge von 300, 1000 oder 1500 μm, die gleichzeitig dem $\sqrt{\text{area}}$-Wert des Defekts entspricht, oder eines triaxialen Ellipsoid mit $\sqrt{\text{area}} = 300, 450, 600$ und 900 μm. Die Angaben beziehen sich dabei auf die mittels CAD vorgegebene Defektgröße. Zusätzlich dazu wurde der Einfluss der Position des Defekts bezogen auf den Abstand zur Probenoberfläche untersucht. Dies erfolgte mithilfe der ellipsoiden Defekte mit $\sqrt{\text{area}} = 600$ μm, die entweder im Kontakt mit der Oberfläche oder mit dem Mittelpunkt genau auf halbem Radius eingebracht wurden. In Tabelle 3.5 ist eine Übersicht über alle Proben mit entsprechenden Defektgeometrien, -größen und -positionen aufgeführt.

Tabelle 3.5 Übersicht über die künstlich eingebrachten Defekte bzgl. ihrer Größe, Form und Position in den Proben aus 316LVM

Bezeichnung		Defektform	Defektmaße gem. CAD (a x b x c) [mm³]	Abstand Defektmitte von Probenrand [mm]
300		Würfel	0,3 × 0,3 × 0,3	2,5 (mittig)
1000			1,0 × 1,0 × 1,0	
1500			1,5 × 1,5 × 1,5	
300-m		Ellipsoid	0,42 × 0,21 × 0,21	
450-m			0,64 × 0,32 × 0,32	
600	−m		0,85 × 0,42 × 0,42	
	−h			1,25
	−r			0,42
900-m			1,27 × 0,64 × 0,64	2,5 (mittig)

Zum besseren Verständnis sind schematische Querschnitte der Proben mit den darin vorhandenen Defektformen, -größen und -positionen in Abbildung 3.3 a) und b) aufgeführt. Die Blickrichtung entspricht der Belastungsrichtung in den späteren Ermüdungsversuchen. Hervorzuheben ist auch noch einmal die unterschiedliche Fertigungsrichtung und daraus resultierende unterschiedliche Orientierung dieser zur Belastungsrichtung, die sich aus der horizontalen und vertikalen Fertigung der Proben ergibt.

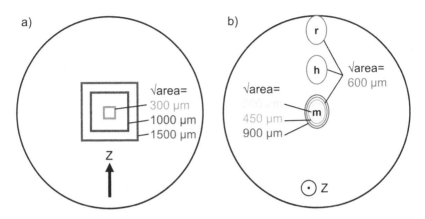

Abbildung 3.3 Größe und Position der künstlich eingebrachten inneren Defekte im Probenquerschnitt a) würfelförmig; b) ellipsoid

3.3.2 Probengeometrien für die Ermüdungs- und Korrosionsermüdungsversuche der Stähle 316L und 316L+N

Für die Charakterisierung der Ermüdungs- und Korrosionsermüdungseigenschaften von 316L und 316L+N wurden aus den mittels PBF-LB hergestellten Quadern spanend Proben entsprechend der technischen Zeichnung in Abbildung 3.4 gefertigt. Die an den Enden befindlichen M8-Gewinde dienen zur Applizierung von Verlängerungshülsen, die es so ermöglichen, die ursprüngliche Probenlänge von l = 65 mm auf ca. 180 mm zu vergrößern.

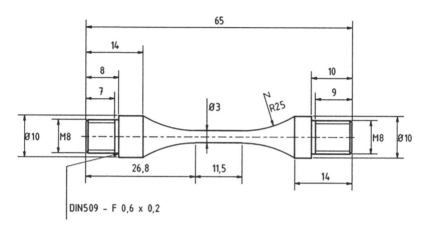

Abbildung 3.4 Probengeometrie für die Ermüdungs- und Korrosionsermüdungsversuche an 316L und 316L+N

Experimentelle Verfahren 4

4.1 Mikrostrukturelle Analytik

Für die Charakterisierung des Ausgangsgefüges und der Mikrostruktur wurden verschiedene zerstörende und zerstörungsfreie Verfahren genutzt, die im Folgenden aufgeführt sind. Für die unter Abschnitt 4.1.1 und 4.1.2 angegebenen Methoden ist eine entsprechende Probenpräparation erforderlich, die das Trennen der Proben, das Einbetten sowie das Schleifen und Polieren umfassen. Dabei wurden die Proben entsprechend ihrer Fertigungsrichtung im PBF-LB Prozess zugeschnitten, um Quer- (XY-) und Längsschliffe (XZ- bzw. YZ-) zu erzeugen. Die so erhaltenen Proben wurden mithilfe des Warmeinbettverfahren bei 180 °C eingebettet und anschließend sukzessive unter Verwendung von Siliziumkarbidpapier in den Körnungen P320 – P2000 geschliffen. Im Anschluss erfolgten zwei Politurschritte mit einer Diamantsuspension mit Partikelgrößen von $d_p = 3$ und 1 µm sowie einem abschließenden Politurschritt mittels Oxid-Polier-Suspension. Zur Darstellung des Gefüges wurden die Proben mit V2A-Beize angeätzt. Alternativ wurde an ausgewählten Proben das Ätzmittel nach Marble verwendet.

4.1.1 Gefügecharakterisierung und Fraktografie mittels Licht- und Rasterelektronenmikroskopie

Zur Darstellung und Bewertung des Gefüges nach dem PBF-LB Prozess wurden die präparierten Quer- und Längsschliffe entsprechend ihrer Fertigungsrichtung

F. J. Stern, *Systematische Bewertung des defektdominierten Ermüdungsverhaltens der additiv gefertigten austenitischen Stähle X2CrNiMo17-12-2 und X2CrNiMo18-15-3*, Werkstofftechnische Berichte I Reports of Materials Science and Engineering, https://doi.org/10.1007/978-3-658-41927-1_4

im geätzten Zustand lichtmikroskopisch untersucht. Dafür wurde das Lichtmikroskop vom Typ Axio Imager.M1m der Fa. Carl Zeiss Microscopy verwendet. Weitere Analysen der Mikrostruktur erfolgten im REM Mira 3 XMU (Fa. Tescan) mit Feldemissionskathode. Dafür wurde auf die Bildgebung mittels Sekundärelektronen (SE) bei einer Beschleunigungsspannung von $U = 15\text{--}20$ kV und einem Arbeitsabstand $d = 15\text{--}20$ mm zurückgegriffen. Ebenso erfolgten die fraktografischen Aufnahmen nach den Ermüdungs- und Korrosionsermüdungsversuchen mittels REM.

Zur Bestimmung von kristallografischen Informationen wie Kristallstruktur und -orientierung sowie Phasenzusammensetzung wurden zusätzlich XY- und XZ-Schliffe des 316L und 316L+N mittels EBSD analysiert. Dazu wurde ein im REM verbauter EBSD-Detektor Velocity Pro CMOS Sensor (Fa. AMETEK Inc.) verwendet. Die Auswertung und Visualisierung der EBSD-Messungen erfolgte mithilfe der Herstellersoftware OIM Analysis.

4.1.2 Härteprüfung

Zur Bestimmung der Ausgangshärte nach dem PBF-LB Prozess wurden Makrohärtemessungen nach Vickers gemäß DIN EN ISO 6507-1 [165] am Härteprüfsystem Dia Testor 3 RC der Fa. Otto Wolpert-Werke durchgeführt. Die Prüfkraft $F = 98{,}07$ N resultierte in der Härte HV10 und wurde für eine Prüfdauer von 10–15 s aufgebracht. Es wurden je Probe acht Eindrücke erzeugt, vermessen und anschließend der Mittelwert und die empirische Standardabweichung berechnet.

4.1.3 Defektcharakterisierung mittels Mikrofokus-Computertomografie

Aufgrund der bereits in Abschnitt 2.1.4 beschriebenen Instabilitäten im PBF-LB Prozess können verschiedene Defekte in additiv gefertigten Proben auftreten, die sich negativ auf die mechanischen und insbesondere die zyklischen Eigenschaften auswirken können. Aus diesem Grund kann mithilfe der μCT zerstörungsfrei die innere Defektverteilung in einer Probe mithilfe von Röntgenstrahlung charakterisiert werden. Zu diesem Zweck wurden ausgewählte Proben jedes untersuchten Werkstoffs und jedes Probenzustands im Computertomografen XT H 160 der Fa. Nikon Metrology durchstrahlt.

Das μCT-System erlaubt eine maximale Beschleunigungsspannung von U = 160 kV bei einer Strahlleistung von bis zu P = 60 W. Der Echtzeitdetektor mit 1024 × 1024 Pixeln ermöglicht eine minimale Auflösung von 3 μm, wobei dieser Wert maßgeblich von der Probengröße bzw. dem maximal möglichen Abstand der Probe zum Detektor abhängig ist. Die Auflösung wird bei diesen dreidimensionalen Aufnahmen in Form der Voxelgröße angegeben, die der Kantenlänge eines Würfels entspricht, wobei ein Voxel das dreidimensionale Äquivalent zu einem Pixel ist. Während der Aufnahme der Röntgenbilder wird die Probe schrittweise um 360° gedreht und ca. 1600 Röntgenprojektionen aufgenommen, die aus je acht gemittelten Aufnahmen je Projektion zur Rauschunterdrückung erzeugt werden. Die in Tabelle 4.1 angegebenen Scanparameter wurden in Abhängigkeit von den verwendeten Probengeometrien für eine optimale Bildgebung und Auflösung ausgewählt. Für die Proben aus 316L und 316L+N konnte aufgrund des Probendurchmessers von d = 3 mm eine höhere Auflösung in Form einer kleineren Voxelgröße erreicht werden als für die 316LVM-Proben mit d = 5 mm. Die Bildaufnahmerate wurde unabhängig von der Probengeometrie auf 2,82 fps bzw. einer Belichtungsdauer von 354 ms festgelegt.

Tabelle 4.1 Scanparameter für die μCT-Untersuchungen der Proben aus 316LVM und 316L/316L+N

Werkstoff	Beschleunigungs-spannung U [kV]	Leistung P [W]	Voxelgröße [μm]	Belichtungszeit [ms]
316LVM	160	9,1	8,0	354
316L/316L+N	151	9,1	6,0	354

Die auf diese Weise ermittelten 2D-Röntgenbilder werden mithilfe der Hersteller-Software CT Pro 3D zu einem 3D-Volumen rekonstruiert. Zusätzlich ermöglicht die Software die Reduzierung der sog. Strahlaufhärtung [166]. Diese entsteht durch die mit steigender Dichte auftretende Wahrscheinlichkeit der Streuung niedrigenergetischer Röntgenquanten im zu durchstrahlenden Material. Dadurch steigt die durchschnittliche Energie der Röntgenquanten, was einer Verschiebung des Röntgenspektrums hin zu höheren Energien gleichkommt. Da insbesondere bei hochdichten Werkstoffen wie Stahl ein Großteil der niedrigenergetischen Röntgenquanten bereits nah unter der Oberfläche gestreut wird, entstehen im rekonstruierten Volumen helle Randbereiche, die aufgrund der lokal hohen Absorption fälschlicherweise auf eine höhere Dichte schließen lassen könnten. Die daran angeschlossene Auswertung der Defektverteilung findet grauwertbasiert statt, weshalb eine gleichmäßige Grauwertverteilung über den ganzen Probenquerschnitt vorteilhaft ist. Zur Korrektur der Strahlaufhärtung wurde deshalb in der Software CT Pro 3D die Einstellung „3" genutzt.

Anschließend wird das rekonstruierte Volumen mithilfe der Analyse- und Visualisierungssoftware VGStudio Max 3.5, die sowohl eine 3D-Darstellung des gescannten Probenvolumens als auch eine Auswertung zur Detektion und Charakterisierung der Poren und Defekte ermöglicht. Für die Defektanalyse wird als minimale Defektgröße entsprechend der Herstellerempfehlung eine Anzahl von 8 Voxeln, also ein minimales Defektvolumen von $2 \times 2 \times 2$ Voxeln, definiert.

Die Defektdetektion erfolgt mithilfe verschiedener Algorithmen, wobei in dieser Arbeit die Algorithmen „Only Threshold" und „VGEasyPore" verwendet wurden. Der Algorithmus „Threshold only" ordnet alle Voxel, die einen Grauwert unterhalb eines bestimmten Werts aufweisen, automatisch einem Defekt zu, während der Algorithmus „VGEasyPore" lokale Grauwertunterschiede bzw. -kontraste dazu verwendet, zwischen Werkstoff und Pore zu unterscheiden.

Die Defektanalyse des gescannten Volumens der Proben aus 316L und 316L+N entspricht ungefähr der Hälfte der Prüflänge, Abbildung 3.4, und ermöglicht die Bestimmung dreidimensionaler Informationen zur Position, Größe und Form von Defekten und stellt diese z. B. auf Grundlage des Defektvolumens mittels defektgrößenabhängiger Farbgebung dar. Zusätzlich können den Ergebnissen der Auswertung weitere geometrische Informationen über die Defekte, wie die Defektoberfläche A und das Defektvolumen V, entnommen werden. Diese Daten werden verwendet, um so die Sphärizität S nach Gl. 0.1 zur Bewertung der Defektform berechnen zu können [167].

$$S = \frac{\pi^{1/3}(6V)^{2/3}}{A}$$
(Gl. 4.1)

4.2 Ermüdungsversuche an Luft

Die Versuche zur Charakterisierung des Ermüdungsverhaltens erfolgten am servohydraulischen Schwingprüfsystem Schenck Hydropuls PSB100. Das System ist mit einer Kraftmessdose mit einer Kapazität von $F_{max} = \pm 70$ kN bei zyklischer Belastung ausgestattet. Die servohydraulische Regelung erfolgt mithilfe des Controllers Instron 8800 der Fa. Instron. Ausgewählte Versuche erfolgten aufgrund geringer Prüfkräfte am servohydraulischen Schwingprüfsystem Instron 8872 mit einer Kraftmessdose mit einer Kapazität von $F_{max} = \pm 10$ kN.

Die Charakterisierung des Einflusses künstlicher Defekte auf das Ermüdungsverhalten von 316LVM wurde beim Spannungsverhältnis R = −1 im Zug-Druck-
Wechselbereich durchgeführt. Die Untersuchungen zur Bewertung des Einflusses
des Stickstoffgehalts auf das Ermüdungsverhaltens von 316L und 316LN erfolgten bei einem Spannungsverhältnis von R = 0,1 im Zug-Schwellbereich. Eine
Übersicht über die gewählten Versuchsparameter für jeden untersuchten Werkstoff ist zusätzlich in Tabelle 4.2 aufgeführt. Alle Ermüdungsversuche an Luft
erfolgten bei RT.

Tabelle 4.2 Versuchsparameter für die Ermüdungsversuche unter mehrstufiger und einstu-
figer zyklischer Belastung

Werkstoff	Versuchsart	Spannungverhältnis R	Prüffrequenz f [Hz]	Grenzlastspielzahl N_G
316LVM	MSV	−1	20	−
	ESV			10^7
316L/	MSV	0,1	20	−
316L+N	ESV		10	$2 \cdot 10^6$

MSV: Mehrstufenversuch; ESV: Einstufenversuch

Zur Messung der Totaldehnung ε_t während der zyklischen Beanspruchung an
Luft wurde ein taktiler Dehnungsaufnehmer mit einer Ausgangsmesslänge von
$l_0 = 10 \pm 1$ mm im Prüfbereich der Proben appliziert, Abbildung 4.1. Durch die
Aufnahme von Spannungs-Dehnungs-Hysteresen im Ermüdungsversuch kann auf
diese Weise das lastspielabhängige Verhalten der Totaldehnungsamplitude $\varepsilon_{a,t}$ und
der plastischen Dehnungsamplitude $\varepsilon_{a,p}$ dargestellt und bewertet werden. Dadurch
konnte eine Beschreibung des Ent- oder Verfestigungsverhaltens in Abhängigkeit
von der Lastspielzahl realisiert werden.

Zur schnellen und ersten Charakterisierung eines Werkstoffes eignet sich der
Mehrstufenversuch (MSV), bei dem stufenweise die Last im Ermüdungsversuch
nach einer bestimmten Lastspielzahl ΔN um die Spannung $\Delta \sigma$ erhöht wird. In
dieser Arbeit wurden sowohl am Referenzzustand des Stahls 316LVM als auch an
den Stählen 316L und 316L+N zunächst MSV durchgeführt. Als Startspannung
wurde je nach Spannungsverhältnis entweder $\sigma_{a,start} = 100$ MPa oder $\sigma_{max,start}$
= 100 MPa ausgewählt, da bei diesen Spannungen davon ausgegangen werden
kann, dass noch keine Ermüdigungsschädigung im Verlauf einer Stufe mit der
Stufenlänge $\Delta N = 10^4$ Lastspiele erfolgt. Nach Ablauf einer Stufe wird die
Spannung um $\Delta \sigma_a = 20$ MPa bzw. $\Delta \sigma_{max} = 20$ MPa erhöht. Dies wird so
lange fortgesetzt, bis das Versagen der Probe eintritt. Während des MSV wird

kontinuierlich das Werkstoffverhalten in Form von $\varepsilon_{a,t}$ und $\varepsilon_{a,p}$ aufgenommen und anschließend zur Bewertung der Schädigungsentwicklung verwendet.

Abbildung 4.1
Exemplarischer
Versuchsaufbau für die
Ermüdungsversuche an
316LVM

4.3   Korrosionsermüdungsversuche

Zur Durchführung der Korrosionsermüdungsversuche, also der Ermüdungsversuche mit überlagerter korrosiver Belastung in einem Korrosionsmedium, wurde eine spezielle in-situ Korrosionszelle entwickelt, Abbildung 4.2. Aufgrund der Probengröße und den daran angebrachten Verlängerungen war die Verwendung bereits am Lehrstuhl für Werkstoffprüftechnik (WPT) vorhandener Korrosionszellen nicht möglich. Deshalb wurde der von Klein [168] entwickelte und von Schmiedt-Kalenborn [169] weiterentwickelte Versuchsaufbau für die Prüfung kleinerer Probengeometrien durch die Verwendung von Verlängerungshülsen angepasst.

Zur Überwachung des Schädigungsfortschritts bei überlagerter korrosiver und mechanischer Belastung diente das freie Korrosionspotenzial U_F, das mithilfe eines Dreielektrodensystems in der Korrosionszelle gemessen wurde. Während die Ermüdungsprobe als Arbeitselektrode fungierte, diente eine Ag/AgCl-Elektrode als Referenz- und ein Graphitstab mit einem Durchmesser von $d = 12$ mm als Gegenelektrode. Als Korrosionsmedium wurde eine 3,5%ige

NaCl-Lösung verwendet, was einer Stoffmengenkonzentration von $c = 0,6$ mol/l entspricht.

Korrosionsermüdungsversuche wurden lediglich an den Stählen 316L und 316L+N durchgeführt, da hier der Fokus der Untersuchungen u. a. auf dem Einfluss des N-Gehalts auf das Korrosionsermüdungsverhalten lag.

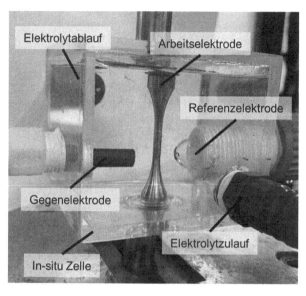

Abbildung 4.2 Versuchsaufbau zur Durchführung der Korrosionsermüdungsversuche an 316L und 316L+N in 3,5%iger NaCl-Lösung

Ergebnisse und Diskussion 5

5.1 Defektgrößen- und -positionsabhängiges Ermüdungsverhalten

Dieses Kapitel beschäftigt sich mit dem Einfluss von Defektgröße und -position auf das Ermüdungs- und Schädigungsverhalten im Stahl X2CrNiMo18–15–3 (im Folgenden 316LVM). Der Fokus liegt auf den mittels PBF-LB eingebrachten künstlichen Defekten sowie deren Auswirkung auf das Ermüdungsverhalten. Ziel ist es, eine Möglichkeit zu finden, das defektdominierte Ermüdungsverhalten von PBF-LB Werkstoffen im Allgemeinen zu beschreiben, indem die geometrischen Eigenschaften der rissinitiierenden Defekte berücksichtigt werden. Der verwendete Werkstoff dient in diesem Fall als Modellwerkstoff und das gewählte Vorgehen wurde so ausgewählt, dass es auch für andere Werkstoffsysteme und Fertigungsverfahren, wie PBF-EB, verwendet werden kann.

Gleichzeitig ist das Ziel, die Anwendbarkeit der in Abschnitt 2.3.1 und 2.3.2 vorgestellten Modelle zur Beschreibung des defektdominierten Ermüdungsverhaltens zu bewerten sowie deren Unterschiede und Grenzen zu definieren.

Abbildungen und Inhalte aus diesem Kapitel basieren zum Teil auf Vorveröffentlichungen [163,164].

F. J. Stern, *Systematische Bewertung des defektdominierten Ermüdungsverhaltens der additiv gefertigten austenitischen Stähle X2CrNiMo17-12-2 und X2CrNiMo18-15-3*, Werkstofftechnische Berichte | Reports of Materials Science and Engineering, https://doi.org/10.1007/978-3-658-41927-1_5

5.1.1 Mikrostruktur, quasistatisches Verhalten und Defekte

Lichtmikroskopische Aufnahmen des mittels PBF-LB verarbeiteten Stahls
316LVM finden sich in Abbildung 5.1 a), b). Die Aufnahmen entsprechen dem
XY- und XZ-Schnitt und besitzen die typischen in Abschnitt 2.1.4 beschriebenen
Charakteristika eines PBF-LB Gefüges. In Abbildung 5.1 a) sind mit Pfeilen die
Scanrichtungen des Lasers in zwei erkennbaren Ebenen angedeutet. Diese können aufgrund der langgezogenen Form der Schmelzbäder identifiziert werden.
Der Winkel zwischen den beiden Scanrichtungen entspricht der in Abschnitt 3.2
beschriebenen Rotation der Scanrichtung von ca. 66°. Abbildung 5.1 b) zeigt
die durch das lokale Aufschmelzen entstandenen Schmelzbäder, die durch den
schichtweisen Aufbau übereinander angeordnet sind. Gleichzeitig sind typische
langgestreckte stängelartige Körner erkennbar, die sich über mehrere Schmelzbadränder entlang der (Z-)Fertigungsrichtung und somit des Temperaturgradienten
epitaktisch gebildet haben.

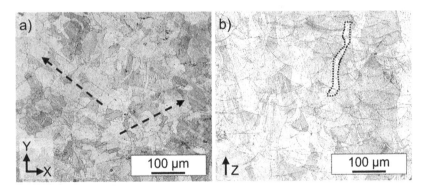

Abbildung 5.1 Lichtmikroskopische Aufnahmen des PBF-LB 316LVM, a) Querschliff
(XY-Ebene senkrecht zur Baurichtung), Pfeile entsprechen der erkennbaren Scanrichtung des
Lasers; b) Längsschliff (XZ/YZ)-Ebene parallel zur Baurichtung)

Die Gefügeaufnahmen ermöglichen bereits eine erste Aussage zur Porosität
der Proben, da in den Schliffen keine ungewollten Defekte in Form von LoF
oder Keyhole-Poren vorliegen, sodass von einer sehr geringen Porosität im Referenzzustand des 316LVM ausgegangen werden kann. Gleiches gilt auch für die
Bereiche der anderen Proben, in denen kein künstlicher Defekt vorliegt. In den

Aufnahmen konnte trotz der Probenfertigung auf unterschiedlichen PBF-LB Systemen mit unterschiedlichen Prozessparametern keine erkennbaren Unterschiede in der Mikrostruktur festgestellt werden.

Tabelle 5.1 Ergebnisse der Härtemessungen am Werkstoff 316LVM in Abhängigkeit der Fertigungsrichtung und des PBF-LB Systems

Werkstoff Probe	Härte HV10	
	XY-Ebene	XZ/YZ-Ebene
316LVM (M290) Referenz und würfelförmige Defekte	223 ± 5	223 ± 8
316LVM (M270) Ellipsoide Defekte	217 ± 2	221 ± 7

Dies wird auch mittels Härtemessung bestätigt, Tabelle 5.1, die weder einen signifikanten Unterschied in der Härte in Abhängigkeit von der Prüfrichtung, also im Quer- oder Längsschliff, noch in Abhängigkeit vom Fertigungssystem zeigt. Die Härtewerte im Bereich von 217–223 HV10 im Querschliff sind vergleichbar mit den Werten aus der Literatur bei vergleichbarer Energiedichte [35,36,45].

Quasistatisches Verhalten
Zur Bewertung des quasistatischen mechanischen Verhaltens des Werkstoffs wurde in Voruntersuchungen [164] auch die Zugfestigkeit des Referenzzustands mittels einer Probe charakterisiert, um eine Abschätzung der Dehngrenze und Zugfestigkeit im Vorfeld der Ermüdungsversuche zu erhalten, Tabelle 5.2. Der Zugversuch wurde an einer Probe mit der gleichen Probengeometrie wie die Ermüdungsversuche, Abbildung 3.2, durchgeführt.

Tabelle 5.2 Ergebnisse des Zugversuchs am Referenzzustand 316LVM [164]

Werkstoff	Dehngrenze $R_{p0,2}$ [MPa]	Zugfestigkeit R_m [MPa]	Bruchdehnung A [10^{-2}]	Elastizitätsmodul E [GPa]
316LVM (Referenz)	573	673	42,8	180,8

Die ermittelten quasistatischen Eigenschaften entsprechen auch denen für PBF-LB AISI 316L in der Literatur [41,45]. Casati et al. [47] ermittelten eine Dehngrenze von $R_{p0,2} = 554$ MPa und eine Zugfestigkeit von $R_m = 685$ MPa, die sehr gut mit den Ergebnissen dieser Arbeit übereinstimmen. Die im Vergleich zu konventionellem Material, vgl. Tabelle 2.2, deutlich verbesserten quasistatischen Eigenschaften werden der gezeigten zellulären Subkornstruktur zugeschrieben, die mit einer hohen lokalen Versetzungsdichte einhergeht und somit zu einer Behinderung der Versetzungsbewegung führt, siehe Abschnitt 2.1.4.

Defekte

Da die Gefügeaufnahmen bereits eine sehr hohe Dichte und geringe prozessbedingte Porosität im 316LVM andeuten, wurde die μCT vornehmlich dafür verwendet, die künstlich eingebrachten Defekte zu untersuchen und auf ihre Übereinstimmung mit den CAD-Daten zu überprüfen.

Für die Proben mit würfelförmigem Defekt (siehe Abschnitt 3.3.1) wurden Schnittbilder mittels der Software VGStudioMax auf Basis der μCT-Scans erstellt. Das rekonstruierte Volumen wurde dafür in Form von 2D-Querschnittsbildern der XZ/YZ-Ebene bezogen auf die Fertigungsrichtung mit einem Abstand von ca. 100 μm zueinander exportiert und anschließend in die Software ImageJ geladen. Die Ebene entspricht für die Proben mit würfelförmigem Defekt gleichzeitig der Ebene senkrecht zur Proben- und Belastungsachse im Ermüdungsversuch, wodurch die ermittelte Fläche des Defekts dazu verwendet werden kann, $\sqrt{area}$ zu bestimmen. Exemplarische Aufnahmen dieser Querschnitte finden sich in Abbildung 5.2 a)-c).

In ImageJ wurde mittels Festlegung eines Grauwerts als Grenzwert eine Binärisierung (schwarz/weiß) der Bilder durchgeführt und die Querschnittsfläche des künstlich eingebrachten Defekts vermessen. Auf diese Weise wurden jeweils zwei Proben der Zustände 300, 1000 und 1500 ausgewertet, wobei je nach Defektgröße 22 (300) bis 152 (1500) Schnittebenen des Defekts zur Vermessung verwendet wurden.

Sehr gut erkennbar ist die durch die Baurichtung bewirkte innere Oberflächenrauheit der Defekte. Insbesondere in Abbildung 5.2 b) und c) ist die relativ glatte untere Kante des Defekts erkennbar, die der sog. Upskin-Oberfläche entspricht. Da in diesem Bereich noch auf bereits verschmolzenem Material gefertigt werden kann und in der anschließenden Schicht keine weitere Energieeinbringung durch den Laser erfolgt, ist diese Kante relativ gleichmäßig und eben. Dem gegenüber steht die sog. Downskin- oder Überhang-Kante, die aufgrund der Energieeinbringung in einer Schicht entsteht, unter der nur unaufgeschmolzenes Pulver vorliegt. Dadurch kann es zu einer tieferen Durchdringung des Lasers ins Pulverbett kommen, wodurch die Größe des Schmelzbads zunimmt [170]. Da das im Defekt vorliegende, unverdichtete Pulver zudem eine deutlich schlechtere Wärmeleitung als der verdichtete Werkstoff aufweist, kann es zu Wärmestau und damit verbundenen größeren Schmelzbädern kommen [55]. Dies führt auch zu der erkennbar von einem Quadrat

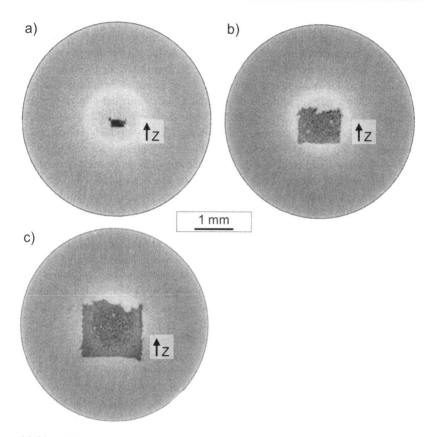

Abbildung 5.2 Auf den μCT-Scans basierende Schnittbilder der 316LVM Proben mit würfelförmigem Defekt; a) 300; b) 1000; c) 1500

abweichenden Form der kleineren 300er Defekte, Abbildung 5.2 a). Aus diesem Grund wurden z. B. von Andreau et al. [171] lokale Downskin-Parameter bei der Erzeugung künstlicher Defekte verwendet, um eine bessere Downskin-Oberfläche zu erzielen.

Unabhängig von den künstlich eingebrachten Defekten ist in den Querschnittsaufnahmen sehr gut erkennbar, dass im restlichen Bereich der Proben eine sehr hohe Dichte erreicht wurde. Dadurch werden die Eindrücke der lichtmikroskopischen Aufnahmen, Abbildung 5.1, bzgl. der Aussage, dass eine geringe Porosität in den Proben vorliegt, bestätigt.

Für die Proben mit ellipsoidem künstlichem Defekt wurden 3D-Auswertungen der µCT-Scans durchgeführt, da die maximale Defektfläche aufgrund der Defektform nur in einer Ebene ermittelt werden kann. Dafür wurden um jeden Defekt eine sog. „Region of Interest" (ROI) erzeugt, die den Defekt und sein umgebendes Material umfassen, wodurch eine schnelle und genaue Defektanalyse mittels des „Only Threshold" Algorithmus möglich ist. Die Ergebnisse der Auswertung in Abbildung 5.3 ermöglichen eine genaue Bewertung der Form, Größe und Lage des Defekts. Unabhängig von den angestrebten Defektgrößen zeigt sich eine ellipsoide Form, die bei den kleineren Defekten (300-m und 450-m) in einer eher kugelförmigen Geometrie resultiert. Besonders relevant war auch die Bewertung der Lage der 600-m, -h und -r Defekte, die entsprechend der Position in den CAD-Vorgaben, Abbildung 3.3, wie vorgesehenen eingebracht wurden. Der scheinbar etwas größere Abstand des 600-r Defekts ist bedingt durch die gewählte Darstellung mit Sicht parallel zur später wirkenden Last und dem in Abbildung 3.2 gezeigten Radius im Prüfbereich. Tatsächlich fällt der Abstand des Defekts zur Probenoberfläche noch geringer aus, was auch in Abbildung 5.4 deutlicher wird. Außerdem sind kleinere Satelliten wie Defekt an der rechten Seite der Probe 600-m und an der unteren Seite der 900-m erkennbar. Diese Defekte lassen auf ein unvollständiges Verdichten des Pulvers im Bereich des Contourings schließen, wodurch die projizierte Defektfläche geringfügig größer ausfällt.

Der Effekt des Down- und Upskins in Abbildung 5.4 führt zu einer deutlichen Veränderung der inneren Oberflächenmorphologie der ellipsoiden Defekte, die auch bereits bei den würfelförmigen Defekten in Abbildung 5.2 diskutiert wurde. Auch hier ist die gleichmäßigere Unterseite des Defekts im Vergleich zu seiner Downskin-Oberfläche in der 3D-Auswertung noch besser erkennbar. Abbildung 5.4 ermöglicht zusätzlich eine genaue Bewertung der Position des 600-r Defekts bezogen auf den Abstand zur Probenoberfläche. Dieser liegt bei ungefähr 85 µm basierend auf der gezeigten µCT-Auswertung. Die Positionierung des Defekts bezogen auf den Randabstand konnte somit erfolgreich bestätigt werden, sodass für die 600-r Defekte im Vorfeld angenommen werden kann, dass es sich um oberflächennahe Defekte handelt.

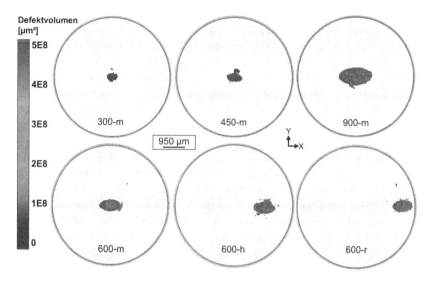

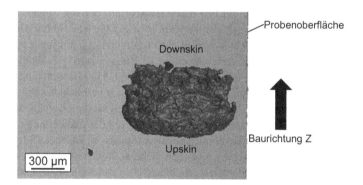

Abbildung 5.3 Auswertung der μCT-Scans an den Proben aus 316LVM mit ellipsoiden Defekten. Die Blickrichtung entspricht der Fertigungs- und späteren Belastungsrichtung im Ermüdungsversuch

Abbildung 5.4 Darstellung des Downskin-Effekts an der Oberfläche eines 600-r Defekts

Eine Übersicht über den Vergleich der mittels CAD vorgegebenen Defektgröße $\sqrt{area}_{CAD}$ und der auf Basis der μCT-Scans bestimmten Defektgrößen in Form von $\sqrt{area}_{CT}$ basierend auf 2D- (würfelförmige Defekte) und 3D-(ellipsoide Defekte) Auswertungen ist in Tabelle 5.3 aufgeführt. Auffällig ist, dass unabhängig von der Defektart bei den Defekten mit einer vorgegebenen Größe von $\sqrt{area}_{CAD}$ = 300 μm (300 und 300-m) die größte Abweichung von der CAD-Vorgabe sowohl in Form von Übermaß als auch Untermaß ermittelt wurde. Diese liegt im Bereich von ca. 15–21 %. Ab einer Defektgröße von $\sqrt{area}_{CAD}$ = 450 μm überschreiten die Abweichungen in keinem Fall ± 10 %, sondern liegen im Bereich (−4,2 %) - (+7,3 %), was auf eine sehr präzise Fertigung der künstlich eingebrachten Defekte ab dieser Defektgröße schließen lässt. Ähnliche Abweichungen fanden sich auch in den künstlich eingebrachten Defekten von Bonneric et al. [172] in der PBF-LB AlSi10Mg Legierung. Bedingt durch die Prozessparameter, die einen Einfluss auf die Schmelzbadbreite und -tiefe haben, kann bei der kleinsten Defektgröße der Defektrand vermutlich nicht mehr mit ausreichender Genauigkeit verdichtet werden, da die in Abbildung 5.1 a) erkennbaren Laserscanlinien eine Breite von bis zu 100 μm erreichen können. Zusätzlich kann aufgrund der Defekthöhe von 300 μm bei den würfelförmigen Defekten und 210 μm bei den ellipsoiden Defekten nicht verhindert werden, dass das bewusst unaufgeschmolzene Pulver in der darunterliegenden Schicht ganz oder teilweise angeschmolzen wird. Zudem weisen die in Abbildung 5.1 b) erkennbaren Schmelzbäder eine Tiefe von ca. 60–70 μm auf, typische Schmelzbadtiefen liegen für PBF-LB AISI 316L im Bereich von 50–120 μm [38,47,55]. Dadurch kann durch den Downskin-Effekt die tatsächliche Höhe des Defekts deutlich von den CAD-Vorgaben abweichen und es kann sogar zu einem anteiligen Verschmelzen oder Verschließen der Pore kommen [63]. Zusätzlich dazu kann auch die μCT-Messung selbst zu Abweichungen bei der Bestimmung der tatsächlichen Defektgröße führen. So kann in den Defekten verbliebenes Pulver vom verwendeten Algorithmus als dichtes Material und nicht als dem Defekt zugehörig bewertet werden [63]. Gleichzeitig wird die Genauigkeit der Auswertung maßgeblich von der Auflösung bzw. Voxelgröße bestimmt, sodass es zu einer schlechteren oder ungenaueren Differenzierung zwischen dichtem Werkstoff und Defekt kommen kann [173], die sich bei den kleineren künstlichen Defekten prozentual stärker auf die ermittelte Defektgröße auswirkt als bei den großen Defekten.

Tabelle 5.3 Vergleich der CAD-Defektgröße mit den Ergebnissen der μCT-Scans in den Proben aus 316LVM; teilweise aus [164]

Zustand		Defektgröße $\sqrt{area}_{CAD}$ [μm]	Defektgröße $\sqrt{area}_{CT}$ [μm]	Abweichung
Würfelförmige Defekte [164] (Auswertung auf Basis von 2D-Schnittbildern)				
300		300	261 ± 43	$-14{,}9\,\%$
1000		1000	958 ± 8	$-4{,}2\,\%$
1500		1500	1463 ± 21	$-2{,}5\,\%$
Ellipsoide Defekte (3D-Auswertung auf Basis der projizierten Fläche des Defekts)				
300-m		300	362	$+20{,}7\,\%$
450-m		450	442	$-1{,}8\,\%$
600	**-m**	600	632	$+5{,}3\,\%$
	-h	600	644	$+7{,}3\,\%$
	-r	600	603	$+0{,}1\,\%$
900-m		900	929	$+3{,}2\,\%$

Die Standardabweichung der Defektgröße für die würfelförmigen Defekte, die durch die Auswertung von 22–150 Schnittbildern berechnet werden konnte, zeigt zusätzlich, dass bei den 300er Defekten nicht von einer konstanten Querschnittsfläche ausgegangen werden kann. Die Abweichung von $\pm 43\,\mu$m liegt deutlich über denen der anderen beiden Defektgrößen. Deshalb muss davon ausgegangen werden, dass der Downskin-Effekt zu einer deutlichen Beeinflussung der Defektgröße und daraus resultierend auch der inneren Oberflächenrauheit auf dieser Defektseite führt.

5.1.2 Ermüdungsverhalten des Stahls 316LVM im Referenzzustand bei mehrstufiger Belastung

Am Referenzzustand des 316LVM wurde ein MSV durchgeführt, um einen Bereich zur Festlegung der Spannungamplituden für die folgenden Ermüdungsversuche bei konstanter Spannungsamplitude zu identifizieren. Zur Bewertung der im Werkstoff ablaufenden Ermüdungsvorgänge wurden $\varepsilon_{a,t}$ und $\varepsilon_{a,p}$ während des Versuchs kontinuierlich mithilfe der Spannungs-Dehnungs-Hysterese ermittelt und anschließend gegen die Lastspielzahl N aufgetragen, Abbildung 5.5.

Ab einer Spannungsamplitude von $\sigma_a \approx$ 300–320 MPa ist eine Werkstoffreaktion in Form einer Abweichung des Verlaufs von $\varepsilon_{a,p}$ identifizierbar. Dieser Verlauf nimmt bei niedrigeren σ_a annähernd linear zu, was mithilfe der gestrichelten grauen Linie angedeutet wird. Bei steigender Belastung geht dieser Verlauf in einen exponentiellen Anstieg über, der mit einer zyklischen Entfestigung, Risswachstumsvorgängen und letztendlich dem Versagen der Probe einhergeht. Insbesondere das sehr schnelle Risswachstum führt auch ab σ_a = 400 MPa zu einem erkennbarem Anstieg von $\varepsilon_{a,t}$ in Verbindung mit einer zyklischen Entfestigung des Werkstoffs. Das Versagen der Probe tritt bei σ_a = 440 MPa ein und definiert die obere Grenze der Spannungsamplitude für die folgenden ESV.

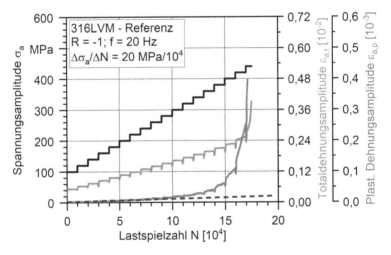

Abbildung 5.5 Mehrstufenversuch des Referenzzustands 316LVM; Ergebnisse aus [164]

Vergleichbare Ergebnisse des MSV von liegend gefertigten Proben aus PBF-LB AISI 316L liegen auch von Stern et al. [53] und Blinn et al. [84,174] vor. In den Untersuchungen zeigten sich sowohl ähnliche Spannungsamplituden von σ_a = 300–360 MPa, bei denen eine erste Werkstoffreaktion identifiziert werden konnte, als auch vergleichbare Spannungsamplituden von σ_a = 440–460 MPa, bei denen die Proben versagten.

5.1.3 Ermüdungsverhalten des Stahls 316LVM in Form defektbehafteter Proben bei konstanter Spannung unter Berücksichtigung künstlich eingebrachter Defekte

Die Ergebnisse der Ermüdungsversuche an den Proben aus 316LVM mit künstlichen würfelförmigen Defekten in der Probenmitte sind in Abbildung 5.6 dargestellt. Die Ergebnisse werden um die Ergebnisse des Referenzzustands, der keine künstlichen Defekte aufweist, ergänzt. Da bei $\sigma_a = 440$ MPa im MSV ein unverhältnismäßig großer Anstieg von $\varepsilon_{a,p}$ festgestellt wurde, ist davon auszugehen, dass damit eine sehr starke Temperaturentwicklung einhergeht, die zu einer Beeinflussung der Versuchsergebnisse führt. Aus diesem Grund wurden die Versuche bei $\sigma_a = 440$ MPa der Zustände Referenz und 300 mit einer reduzierten Prüffrequenz von $f = 10$ Hz durchgeführt.

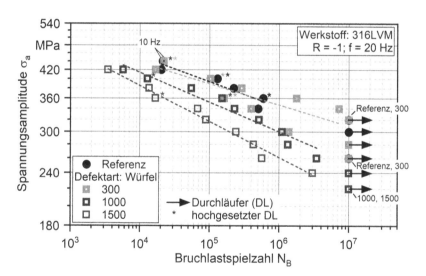

Abbildung 5.6 Wöhler-Diagramm der 316LVM Proben mit kubischen Defekten; Ergebnisse teilweise aus [164]

Die Ergebnisse zeigen, dass die Proben mit einer Defektgröße von $\sqrt{area}_{CAD}$ $= 300$ μm (300) ähnliche Bruchlastspielzahlen N_B aufweisen wie der Referenzzustand und dadurch trotz des vorhandenen künstlichen Defekts nur schwer zu unterscheiden sind. Auffällig ist auch, dass die Datenpunkte der 300er Proben unterhalb von $\sigma_a = 360$ MPa stark streuen und Unterschiede in N_B mit einem Faktor von 11–18 aufweisen. Die Zustände 1000 und 1500 zeigen jedoch ein erwartungsgemäßes Ermüdungsverhalten, nämlich eine sinkende Bruchlastspielzahl mit steigender Defektgröße auf jedem geprüften Spannungsniveau. Die Wöhler-Trendkurven lassen sich defektgrößenabhängig mittels Basquin-Gleichung, Gl. 2.5, beschreiben.

Die ermittelten Parameter σ'_f und b sind für alle untersuchten Proben in Abhängigkeit ihrer Defektart, -größe und -position in Tabelle 5.4 zusammen mit der abgeschätzten Ermüdungsfestigkeit ($N_G = 2 \cdot 10^6$) aufgeführt, um eine bessere Vergleichbarkeit der Ergebnisse mit Literaturwerten zu ermöglichen. Die Steigung der Kurven in Form des Schwingfestigkeitsexponenten liegt über alle untersuchten Zustände bzw. Defektgrößen und -positionen im Bereich b = −0,048 bis − 0,151. Blinn et al. [82] fanden für den PBF-LB AISI 316L in Abhängigkeit von Fertigungsrichtung und Wärmebehandlungszustand Exponenten von b = −0,052 bis −0,071 bei R = −1 und eine Ermüdungsfestigkeiten von 335 MPa für liegend gefertigte Proben ($N_G = 2 \cdot 10^6$), die mit der abgeschätzten Ermüdungsfestigkeit des Referenzzustands von 328 MPa sehr gut übereinstimmt.

Bis auf die 300er Proben zeigen die Ergebnisse eine sehr gute Korrelation der Versuchsdaten in Form des Bestimmtheitsmaß R^2. Die beiden Fits der Daten der 1000- und 1500-Proben zeigen eine sehr gute Beschreibbarkeit der Versuchsergebnisse mittels der Basquin-Gleichung, wobei beachtet werden muss, dass die ermittelten Schwingfestigkeitskoeffizienten und -exponenten keine klassische Beschreibung des Ermüdungsverhaltens des Grundwerkstoffs erlauben, sondern eindeutig der Defektgröße und -form zugeordnet werden müssen. Aus diesem Grund kann die Basquin-Gleichung auch nicht mit ausreichender Korrelation auf alle vorliegenden Daten unabhängig von der vorliegenden Defektgröße angewendet werden, da diese in ihrer rein empirischen Form die Defekte nicht berücksichtigt. Die Ergebnisse zeigen ebenfalls, dass bei einem defektdominierten Ermüdungsverhalten bei gleichbleibender Defektgröße individuelle Wöhler-Kurven entstehen und bestätigen damit ebendiese Aussage von Murakami et al. [175]. Gleichzeitig kann bereits gezeigt werden, dass Proben mit gleichbleibenden Defekten im Probeninneren mithilfe des PBF-LB Prozesses hergestellt werden können, um den Einfluss dieser Defekte auf das Ermüdungsverhalten systematisch zu bewerten.

Tabelle 5.4 Konstanten für defektgrößenabhängige Basquin-Geraden

Zustand		σ'_f [MPa]	b [-]	Ermüdungsfestigkeit ($N_G = 2 \cdot 10^6$)	Bestimmtheitsmaß R^2
Referenz		794	−0,061	328	0,89
Würfelförmige Defekte					
300		673	−0,048	336	0,66
1000		825	−0,074	283	0,95
1500		846	−0,085	245	0,98
Ellipsoide Defekte					
300-m		1520	−0,136	210	0,72
450-m		1969	−0,151	221	0,78
600	-m	897	−0,081	275	0,97
	-h	1236	−0,120	216	0,75
	-r	1069	−0,118	194	0,56
900-m		1075	−0,108	225	0,83

Die Ergebnisse der Proben mit ellipsoidem Defekt, mit zentriertem Defekt in Abbildung 5.7 a) und in Abhängigkeit vom Randabstand der Proben 600-m, -h, und -r in Abbildung 5.7 b) zeigen allgemein betrachtet eine sehr hohe Streuung, die nicht nur auf die vorliegenden eingebrachten Defekte zurückgeführt werden kann. Aufgrund der starken Überlappung der Datenpunkte wurde zur besseren Übersichtlichkeit darauf verzichtet, die Basquin-Geraden im Diagramm darzustellen, während die Parameter σ'_f und b ebenfalls in Tabelle 5.4 aufgeführt sind. Auf Basis der ermittelten Bestimmtheitsmaße weist lediglich der Zustand 600-m ein erwartungsgemäßes Ermüdungsverhalten auf, das sehr gut mittels Basquin-Gleichung beschrieben werden kann. Alle anderen Zustände zeigen eine starke Streuung unterhalb einer Spannungsamplitude von $\sigma_a = 280$ MPa, was maßgeblich zu den niedrigen Werten von R^2 beiträgt. Zusätzlich weisen ein Großteil der 300-m- und 450-m-Proben Bruchlastspielzahlen auf, die zwischen denen von 600-m und 900-m liegen, obwohl zu erwarten war, dass bei sinkender Defektgröße eine höhere Bruchlastspielzahl im Vergleich mit den Proben mit größeren Defekten erreicht wird. Da auf Basis der vorliegenden Ergebnisse noch keine Aussage zum Versagensmechanismus möglich ist, wird erwartet, dass die fraktografischen Untersuchungen, Abschnitt 5.1.4, eine Aussage zur Ursache für dieses Verhalten ermöglichen.

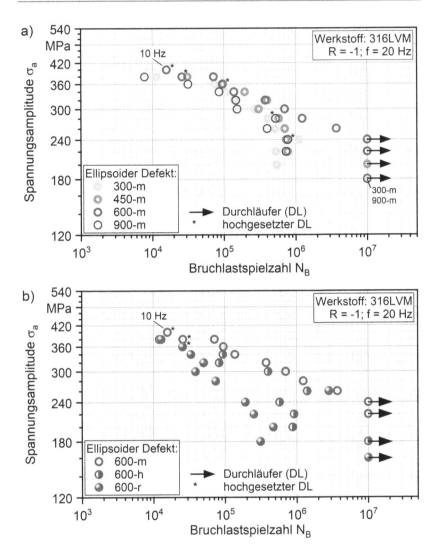

Abbildung 5.7 Wöhler-Diagramme der 316LVM Proben mit ellipsoidem Defekt in Abhängigkeit a) ihrer Größe; b) ihres Randabstands

Der Einfluss des Randabstands des Defekts bezogen auf die Probenoberfläche zeigt ebenfalls einen erkennbaren Trend, Abbildung 5.7 b). Die 600-m-Proben mit Defekten in der Mitte des Probenquerschnitts zeigen das beste und die 600-r-Proben mit Defekten direkt am Probenrand zeigen das schlechteste Ermüdungsverhalten. Die Proben mit Defekten mittig zwischen Probenrand und Probenmitte (600-h) liegen immer zwischen den beiden anderen Defektpositionen, wobei eine Ausnahme bei $\sigma_a = 260$ MPa festgestellt werden konnte. Bei dieser Spannung zeigt die 600-r Probe eine fast identische Bruchlastspielzahl wie die 600-m Probe, ohne dass auf Basis der bisherigen Untersuchungen ein Grund dafür erkennbar ist.

In den meisten Fällen, in denen bruchauslösende Defekte untersucht wurden, wurde lediglich die Position oberflächennah bzw. in Kontakt mit der Oberfläche oder im Probeninneren unterschieden [101]. Untersuchungen von Andreau et al. [171] auf Basis künstlich eingebrachter sphärischer Defekte im Stahl PBF-LB AISI 316L konnten keinen signifikanten Unterschied zwischen der Position des Defekts im Probeninneren und zwischen Probenmitte und Probenrand in den Ermüdungseigenschaften feststellen. Im Gegensatz dazu konnten Ralf et al. [176] auf Basis künstlicher sphärischer und würfelförmiger Defekte mit variierendem Randabstand feststellen, dass Berechnungen mittels Finite-Elemente-Methode (FEM) steigende lokale Spannungen mit sinkendem Abstand des Defekts zur Oberfläche zeigen, wodurch auch die Ermüdungsfestigkeit sinkt.

5.1.4 Fraktografie

Charakteristische Aufnahmen der bruchauslösenden Defekte des Referenzzustands sowie der Proben mit würfelförmigem Defekt sind in Abbildung 5.8 a-d) dargestellt. Da die 1000- und 1500-Proben sehr ähnliche Bruchflächen aufweisen, ist nur ein bruchauslösender Defekt mit $\sqrt{area}_{CAD} = 1000$ μm abgebildet. Während für jede der 1000- und 1500-Proben das Versagen eindeutig dem künstlichen Defekt zugeschrieben werden kann, Abbildung 5.8 d), zeigt sich am Referenzzustand, Abbildung 5.8 a), dass auch kleine Oberflächendefekte, die durch den PBF-LB Prozess verursacht wurden, zu einem Versagen geführt haben. Dies traf bei den horizontal liegend gefertigten Proben allerdings lediglich auf eine einzige Probe des Referenzzustands zu. Die 300-Proben zeigten entweder ein Versagen ausgehend von der Oberfläche ohne erkennbare Versagensursache auf der Bruchfläche, Abbildung 5.8 b), oder ein Versagen ausgehend vom künstlich eingebrachten Defekt, Abbildung 5.8 c). Im Defekt der 300-Probe sind außerdem noch verbliebene Pulverreste erkennbar, die auch bereits auf den μCT-Schnittbildern, Abbildung 5.2, identifiziert werden konnten. Darüber hinaus kann auch die Fertigungsrichtung auf Grundlage der glatten unteren und unregelmäßigen oberen Defektkante beider Defekte in Abbildung 5.8 c), d) ausgemacht werden, die durch den Upskin- (untere Kante) und Downskin-Effekt (obere Kante) verursacht wurden.

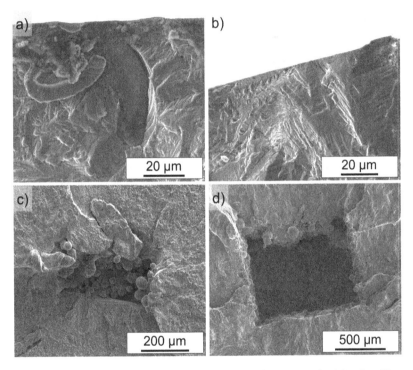

Abbildung 5.8 Fraktografische REM-Aufnahmen a) Referenzzustand mit bruchauslösendem Oberflächendefekt ($\sigma_a = 340$ MPa; $N_B = 5{,}0{\cdot}10^5$); b) Versagen ausgehend von der Oberfläche ohne erkennbaren Defekt an einer 300-Probe ($\sigma_a = 340$ MPa; $N_B = 4{,}0{\cdot}10^5$); c) bruchauslösender künstlicher Defekt einer 300-Probe ($\sigma_a = 360$ MPa; $N_B = 1{,}8{\cdot}10^6$); d) bruchauslösender künstlicher Defekt einer 1000-Probe ($\sigma_a = 340$ MPa; $N_B = 2{,}3{\cdot}10^5$)

Für die Proben mit künstlichem elliptischem Defekt ergibt sich ein ähnliches Bild, Abbildung 5.9 a-d). Zwar findet sich auf keiner Bruchfläche ein ähnliches Versagen ohne erkennbaren Defekt wie in Abbildung 5.8 b), dafür liegen sowohl prozessbedingte bruchauslösende Oberflächendefekte wie in der in Abbildung 5.9 a) gezeigten 300-m Probe vor als auch die künstlich eingebrachten ellipsoiden Defekte. Beispielhaft sind hier die bruchauslösenden Defekte einer 600-h Probe, Abbildung 5.9 b), einer oberflächennahen 600-r Probe, Abbildung 5.9 c), und einer 900-m Probe, Abbildung 5.9 d) dargestellt. Auch hier können verbliebene unaufgeschmolzene Pulverpartikel im künstlichen Defekt ausgemacht werden. In Abbildung 5.9 c) zeigt sich außerdem, dass die Positionierung des 600-r Defekts erfolgreich war und der Defekt mit nur sehr geringer Restwandstärke an der Oberfläche erzeugt werden konnte.

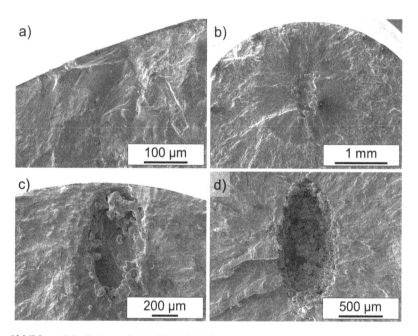

Abbildung 5.9 Fraktografische REM-Aufnahmen von Proben mit ellipsoidem Defekt a) Versagen ausgehend von einem prozessinduzierten Oberflächendefekt einer 300-m Probe (σ_a = 340 MPa; $N_B = 1{,}1{\cdot}10^5$); bruchauslösender Defekt einer b) 600-h Probe (σ_a = 300 MPa; $N_B = 4{,}0{\cdot}10^5$); c) 600-r Probe (σ_a = 220 MPa; $N_B = 2{,}5{\cdot}10^5$); d) 900-m Probe (σ_a = 340 MPa; $N_B = 8{,}6{\cdot}10^4$)

Neben den recht typischen Bruchflächen konnten einige Auffälligkeiten identifiziert werden, Abbildung 5.10 a-d). Auf der inneren Oberfläche des bruchauslösenden Defekts der Referenzprobe aus Abbildung 5.8 a) zeigten sich typische

Anzeichen für Extrusionen, die aufgrund der zyklischen Belastung entstehen. Die drei identifizierbaren Orientierungen dieser Gleitbänder lassen auf die Aktivierung von drei unterschiedlichen Gleitsystemen schließen. Die Entstehung dieser Gleitbänder deutet darauf hin, dass der bruchauslösende Defekt nicht generell auch als Rissausgangslänge interpretiert werden kann, sondern erst eine gewisse Anzahl an Lastwechseln erforderlich ist, um eine Rissinitiierung zu bewirken. Anschließend erfolgt dann erst Risswachstum ausgehend von einem entsprechenden Defekt.

Abbildung 5.10 b) zeigt, dass trotz der nicht unerheblichen Größe des 900-m Defekts ein Konkurrenzverhalten zwischen künstlichem Defekt und signifikant kleineren Defekten bzgl. ihrer Kritizität vorliegt. Obwohl der ellipsoide Defekt aufgrund seiner Lage auf der Bruchfläche nicht vermessen werden kann, ist eine Defektgröße von $\sqrt{area} \approx 900$ μm zu erwarten, während die beiden Oberflächendefekte rechts und unten eine Größe von nur $\sqrt{area} = 53$ und 98 μm aufweisen und der künstliche Defekt damit um den Faktor 9–17 größer ist. Auf diesen Ergebnissen kann bereits festgestellt werden, dass Oberflächendefekten eine deutlich größere und kritischere Rolle unter Ermüdungsbeanspruchung zukommt als inneren Defekten.

In Abbildung 5.10 c) ist der in Abbildung 5.7 b) erkennbare Ausreißer der Probe mit 600-r Defekt gezeigt, der im Vergleich zu den anderen 600-r Proben eine deutlich höhere Bruchlastspielzahl von $N_B = 2,8 \cdot 10^6$ bei $\sigma_a = 260$ MPa aufwies. Im Vergleich mit den in Abbildung 5.9 c) und Abbildung 5.10 d) gezeigten bruchauslösenden 600-r Defekten ist erkennbar, dass die Restwanddicke von ca. 75 μm auf einen großen Einfluss des Randabstands von Defektrand zu Probenoberfläche hindeutet und in diesem Fall der 600-r Defekt unter Umständen nicht als Oberflächendefekt interpretiert werden darf.

Um einen Überblick über den Versagensort in Abhängigkeit vom vorliegenden künstlichen Defekt zu geben, sind alle Rissursprünge in Tabelle 5.5 aufgeführt. Insbesondere für die Proben mit kleinen Defekten von $\sqrt{area} = 300$ und 450 μm ist erkennbar, dass der Werkstoff 316LVM eine hohe Defekttoleranz gegenüber dieser Defektgröße und -form aufweist. Lediglich fünf der 26 geprüften Proben mit dieser Defektgröße versagten aufgrund des künstlich eingebrachten Defekts.

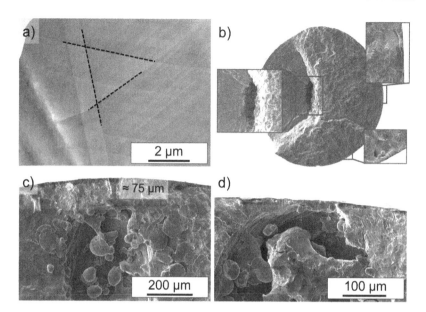

Abbildung 5.10 Besonderheiten auf den Bruchflächen ausgewählter Proben, a) Gleitbänder auf der in Abbildung 5.8 a) gezeigten Defektoberfläche einer Probe des Referenzzustands [164]; b) multiple Rissinitiierung in einer 900-m Probe ($\sigma_a = 260$ MPa; $N_B = 4,0 \cdot 10^5$); c) auffällig große Restwandstärke einer 600-r Probe ($\sigma_a = 260$ MPa; $N_B = 2,8 \cdot 10^6$) im Vergleich mit d) Position des künstlichen 600-r Defekts direkt an der Oberfläche ($\sigma_a = 220$ MPa; $N_B = 2,5 \cdot 10^5$)

Zhang et al. [177] berichten von einer für PBF-LB AISI 316L geltenden kritischen Defektgröße von $\sqrt{\text{area}} < 40$ µm, ab der ein Übergang von Defekt- zu mikrostrukturkontrolliertem Versagen führt. Dieser Wert basiert auf Ermüdungsversuchen und wurde mit der durchschnittlichen Korngrenzenlänge von 30 bis 40 µm des untersuchten PBF-LB AISI 316L in Verbindung gebracht. Unterhalb dieser Defektgröße wurde Rissinitiierung ausgehend von Bereichen mit inter- oder transgranularen Charakteristika beobachtet [177,178]. Andere Untersuchungen von Blinn et al. [84] oder Stern et al. [53] zeigen ein Versagen ausgehend von Defekten mit einer minimalen Größe von $\sqrt{\text{area}} = 30$ bzw. 66 µm, wobei es sich in diesen Fällen sowohl um Defekte an der Oberfläche als auch um Defekte im Inneren handelt. Demgegenüber stehen die in dieser Arbeit künstlich erzeugten inneren Defekte mit einer Größe von $\sqrt{\text{area}}_{CT} \approx 261$ µm (vgl. Tabelle 3.5), die nachweislich bei niedriger Spannungsamplitude nicht zu einem Versagen bis

Tabelle 5.5 Übersicht über den Rissursprung im Ermüdungsversuch für jeden untersuchten Probenzustand (316LVM)

Zustand		Proben-anzahl	Rissursprung Oberfläche	Defekt (künstlich)	Defekt (Oberfläche)
Referenz		6	5	–	1
Würfelförmiger Defekt					
300		9	6	3	–
1000		9	–	9	–
1500		9	–	9	–
Ellipsoider Defekt					
300-m		8	–	1	7
450-m		9	–	1	8
600	-m	9	–	9	–
	-h	8	–	5	3
	-r	12	–	12	– (12)*
900-m		9	–	7	2

*Die 600-r Defekte entsprechen gleichzeitig einem Oberflächendefekt

$N_G = 10^7$ beigetragen haben, wodurch ein ähnliches Ermüdungsverhalten wie der Referenzzustand ermittelt wurde. Auch Andreau et al. [171] fanden kein Versagen ausgehend von künstlich eingebrachten Defekten mit $\sqrt{area} = 186$ μm, allerdings waren stattdessen ungewollte prozessinduzierte Defekte mit einer Größe von $\sqrt{area} \approx 20$ μm an der Probenoberfläche bruchauslösend. Im Gegensatz dazu führte bei den Referenz- und 300-Proben ohne erkennbaren bruchauslösenden Defekt die zyklische Belastung zur Bildung von Gleitbändern bzw. Extrusionen und damit verbundener Rissinitiierung, Abbildung 5.11 a) und b).

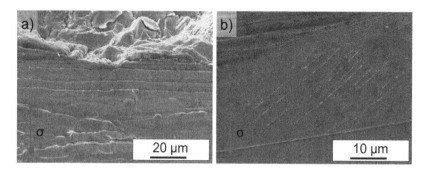

Abbildung 5.11 REM-Aufnahme der Oberfläche einer 300-Probe (316LVM, σ_a = 380 MPa; N_B = 2,9·10^5) a) in der Nähe des Rissursprungs; b) parallel verlaufende Extrusionen

Untersuchungen an konventionellem AISI 316L deuten darauf hin, dass die Entstehung dieser Extrusionen bereits nach kürzester Zeit, z. B. nach 500 Lastspielen bei einer konstanten Dehnungsamplitude von $\varepsilon_{a,t}$ = 0,25 % [72], erfolgen kann und eine starke Lokalisierung der plastischen Dehnung im Bereich der persistenten Gleitbänder stattfindet [179]. Aufgrund der Spannungskonzentration, insbesondere an Intrusionen, kommt es zur Rissentstehung und letztendlich zum Versagen der Probe. Austenite weisen aufgrund ihrer kfz-Gitterstruktur und der damit verbundenen hohen Anzahl an dichtest gepackten Gleitebenen eine hohe Duktilität auf, weshalb davon ausgegangen wird, dass die Bildung von Gleitbändern eine notwendige Bedingung für die Entstehung eines Risses unter Ermüdungsbeanspruchung ist [180]. Daraus kann geschlussfolgert werden, dass die Rissentstehung an Proben ohne erkennbare Defekte ausschließlich aufgrund von Ex- und Intrusionen erfolgt ist, während die im Probeninneren vorliegenden Defekte aufgrund ihrer Größe und der hohen Defekttoleranz des 316L gegenüber diesen als nicht rissinitiierend und damit auch nicht kritisch eingestuft werden können. Gleichzeitig kann ausgeschlossen werden, dass prozessbedingte Defekte an der Oberfläche dieser Proben vorhanden waren, da das Versagen ansonsten dort erfolgt wäre.

Während bei den horizontal gefertigten Proben mit würfelförmigem Defekt und dem Referenzzustand lediglich eine Probe aufgrund eines Oberflächendefekts versagte, konnten bei den Proben mit ellipsoiden Defekten an 19 von 55 geprüften Proben prozessbedingte Oberflächendefekte als bruchauslösend identifiziert werden. Dies fiel besonders bei den 300-m und 450-m Proben auf, während die meisten der 600-m, -h, -r und 900-m Proben aufgrund ihres eingebrachten künstlichen Defekts versagten.

Die Größe der bruchauslösenden Oberflächendefekte liegt im Bereich von $\sqrt{\text{area}} = 35$–286 µm und ist somit in jedem Fall kleiner als ein in der Probe vorhandener künstlich eingebrachter Defekt, da der größte beobachtete Oberflächendefekt mit $\sqrt{\text{area}} = 286$ µm in einer 600-h Probe bruchauslösend war und damit immer noch ca. 50 % kleiner als der künstlich eingebrachte Defekt im Inneren war. Eine Übersicht über die fraktografisch bestimmte Defektgröße der ellipsoiden Defekte sowie der prozessbedingten Oberflächendefekte ist in Tabelle 5.6 aufgeführt. Für die Berechnung der mittleren Defektgröße der Proben 600-m, 600-h und 600-r erfolgte dafür keine Unterscheidung auf Grundlage der Defektposition.

Im Vergleich zu den Ergebnissen der µCT-Untersuchungen, Tabelle 5.3, ist erkennbar, dass die Werte tendenziell unterhalb der angestrebten Defektgröße liegen, wodurch eine Überschätzung der Defektgröße mittels µCT-Auswertung vermutet werden kann. Zu berücksichtigen ist aber auch, dass mögliche satellitenartige Defektcharakteristika, die in Abbildung 5.3 erkennbar waren, nicht in der gleichen Ebene wie die Bruchfläche liegen können, über die µCT-Auswertung aber trotzdem zur Bestimmung von $\sqrt{\text{area}}_{CT}$ beitragen.

Tabelle 5.6 Mittels Fraktografie bestimmte mittlere Größen der künstlich eingebrachten ellipsoiden Defekte (316LVM)

Zustand	Probenanzahl	Gemittelte Defektgröße $\sqrt{\text{area}}$ [µm]
300-m	1	294
450-m	2	452 ± 29
600-m, -h, -r	26	577 ± 33
900-m	7	893 ± 16

5.1.5 Einfluss der Defektform auf das Ermüdungsverhalten

Bei einem Vergleich der Defektarten Würfel und Ellipsoid kann festgestellt werden, dass für die Proben mit ellipsoidem Defekt tendenziell ein schlechteres Ermüdungsverhalten vorliegt. Dies zeigt sich insbesondere, wenn die abgeschätzte Ermüdungsfestigkeit bei $N_G = 2 \cdot 10^6$ als Vergleichsgröße, Tabelle 5.4, verwendet wird. Während für den Zustand Referenz und 300 dieser Wert im Bereich 328–335 MPa liegt, sinkt dieser auf 194 MPa für den Zustand 600-r.

Dieser Wert liegt sogar deutlich unter denen der würfelförmigen 1000- und 1500-Zustände mit 283 respektive 245 MPa, obwohl die Defekte um ca. 67 % und 150 % größer sind. Die Ergebnisse dieser Arbeit liegen auch für die Proben mit künstlichen Defekten über der von Guerchais et al. [181] ermittelten Festigkeit von 233 MPa an konventionellem AISI 316L. Afkhami et al. [76] berichten von Ermüdungsfestigkeiten von PBF-LB AISI 316L im Bereich 240–267 MPa (N_G $= 10^6$), die damit eher vergleichbar mit den Ergebnisse der Zustände 1000 und 1500 sind, während die Ergebnisse von Elangeswaran et al. [80] bei ca. 330 MPa ($N_G = 10^6$) und einer Steigung von b $= -0,04$ bis $-0,06$ liegen und damit eine hohe Ähnlichkeit zum Referenzzustand und den 300-Proben aufweisen.

Der Unterschied in den Ermüdungseigenschaften zwischen den Proben mit würfelförmigen und ellipsoiden Defekten lässt vermuten, dass die unterschiedliche Fertigungsrichtung der Proben dieses Verhalten verursacht. Wie bereits in Abschnitt 3.2 beschrieben, wurden die Proben mit würfelförmigem Defekt liegend (parallel zur XY-Ebene) und die Proben mit ellipsoidem Defekt stehend (senkrecht zur XY-Ebene) aufgebaut. Daraus resultiert eine Belastungsrichtung, die entweder senkrecht oder parallel zur Fertigungsrichtung orientiert ist. Mehrere Untersuchungen konnten bereits zeigen, dass bei einer liegenden Fertigung im Vergleich zu anderen Probenorientierungen bessere quasistatische Eigenschaften erreicht werden, siehe Abschnitt 2.1.4. Bezüglich der Ermüdungseigenschaften existieren allerdings scheinbar konträre Aussagen. Riemer et al. [83] zeigen in ihren Untersuchungen zum Risswachstumsverhalten, dass stehend gefertigte Proben einen höheren Schwellenwert des Spannungsintensitätsfaktors ΔK_{th} zeigen als liegend gefertigte Proben. Diese Ergebnisse werden u. a. von Suryawanshi et al. [182] und Fergani et al. [183] bestätigt. Gleichzeitig zeigen die Ergebnisse von Blinn et al. [84] und Stern et al. [53], dass liegend gefertigte Proben höhere Bruchlastspielzahlen erreichen als stehende. Berücksichtigt man jedoch die Form und Orientierung der prozessinduzierten Defekte, wird sehr schnell deutlich, dass das scheinbar bessere Ermüdungsverhalten horizontaler Proben primär durch die geringere effektive Defektgröße $\sqrt{area}$ bewirkt wird, Abbildung 2.9 a). Wird die Defektgröße berücksichtigt, zeigt sich, dass stehend gefertigte Proben eine höhere Defekttoleranz aufweisen, da sie im Verhältnis zu ihrer Defektgröße $\sqrt{area}$ bessere Eigenschaften zeigen als Proben, die unter anderen Fertigungsrichtungen hergestellt wurden [53,84,103].

Das trotz liegender Fertigung bessere Ermüdungsverhalten der Proben mit würfelförmigem Defekt muss also auf die resultierende Kerbwirkung der Defektform zurückgeführt werden. Bei der Betrachtung der Kerbwirkung dieser beiden unterschiedlichen Defektarten zeigt sich, dass V-Kerben die Ermüdungsfestigkeit stärker reduzieren als U- oder ⊔-Kerben. Dies wird durch die Arbeiten von

Majzoobi und Daemi [184] an zwei Stählen mit unterschiedlichen Kerbformen
bestätigt. Der schärfere Kerbradius der ellipsoiden Defekte, die einer Misch-
form aus U- und V-Kerb ähneln, führt somit zu einer stärkeren Herabsetzung
der Ermüdungsfestigkeit als es bei den würfelförmigen (⊔-)Defekten der Fall ist.

Der Einfluss der Form von künstlich eingebrachten inneren Defekten auf das
Ermüdungsverhalten additiv gefertigter Werkstoffe wurde bisher nur in geringem
Umfang untersucht, sodass nur wenige Vergleichsmöglichkeiten bestehen. Gong
[185] untersuchte in seiner Arbeit den Effekt von künstlichen zylindrischen und
doppelkonischen Defekten auf das Ermüdungsverhalten von PBF-EB Ti6Al4V.
Die Ergebnisse zeigen, dass die doppelkonischen Defekte das Ermüdungsverhalten stärker herabsetzen als die zylindrischen Defekte, was ebenfalls auf den
oben genannten Einfluss der resultierenden Kerbform zurückgeführt werden kann.
Bonneric et al. [172,186] untersuchten das defektabhängige Ermüdungsverhalten
der Aluminiumlegierung AlSi7Mg0,6, indem sphärische und elliptische Oberflächendefekte sowie ellipsoide innere Defekte bereits in die CAD-Daten eingefügt
und anschließend mittels PBF-LB in die Proben eingebracht wurden. Die sphärischen Oberflächendefekte führten zu einem schlechteren Ermüdungsverhalten
als die elliptischen, wobei die fraktografische Auswertung auch zeigte, dass die
sphärischen Defekte tendenziell größer waren. Dies könnte den Einfluss der
Defektform überlagert haben. Auf diese Weise war es anschließend möglich,
die defektgrößenabhängige Ermüdungsfestigkeit zu ermitteln und mithilfe eines
Kitagawa-Takahashi-Diagramms zu beschreiben.

5.1.6 Einfluss der Defektposition auf das Ermüdungsverhalten

Die Ergebnisse der Ermüdungsversuche der 600-r und 600-m Proben zeigen,
dass ein Zusammenhang zwischen Defektposition und Ermüdungsfestigkeit bei
gleicher Defektgröße besteht. Der ermittelte Schwingfestigkeitsexponent liegt bei
$b(600\text{-}r) = -0,12$ im Vergleich zu $b(600\text{-}m) = -0,08$. Da beide Probenarten
mit identischen Prozessparametern und unter gleicher Fertigungsrichtung hergestellt wurden, besteht der einzige Unterschied in der Position des künstlichen
Defekts. Auf dieser Grundlage können Oberflächendefekte als deutlich kritischer
in ihrem Effekt auf das Ermüdungsverhalten eingeordnet werden als Defekte
im Probeninneren. Untersuchungen zum Risswachstumsverhalten in Abhängigkeit von der Umgebungsatmosphäre zeigen, dass unter Vakuum ein langsameres
Risswachstumsverhalten austenitischer CrNi-Stähle beobachtet werden kann als

unter Luft [92,93,187]. Als Grund wird die Adsorption von Sauerstoff oder Wassermolekülen an der Rissspitze genannt, die dort zu einer Dehnungslokalisierung führt. Während Oberflächendefekte wie bei den 600-r Proben freien Kontakt zur Umgebungsluft haben, sind die künstlichen Defekte, aber auch prozessbedingte LoF Defekte mit dem im Prozess verwendeten Schutzgas befüllt. Andreau et al. [171] beobachteten zusätzlich Unterschiede im Rissverhalten, wobei der vom künstlichen inneren Defekt ausgehende Riss transgranulares Risswachstum in Form einer sehr glatten Bruchfläche zeigte, ähnlich zu dem in Abbildung 5.9 b) erkennbaren sog. Fischauge um den 600-h Defekt. Im Gegensatz dazu weisen die defektnahen von der Oberfläche ausgehenden Bereiche eine deutlich unregelmäßigere Topographie auf, die laut Andreau et al. auf interkristallines Risswachstum schließen lässt, vgl. Abbildung 5.8 a) und b). Untersuchungen von Jesus et al. [188] an PBF-LB Ti6Al4V mit künstlichen Defekten ohne und mit Kontakt zur Oberfläche zeigen ebenfalls ein deutlich langsameres Risswachstum unter Prozessgasatmosphäre im Defekt (hier Argon) als an Luft.

In diesem Zusammenhang muss noch einmal hervorgehoben werden, dass die meisten 300, 300-m und 450-m Proben nicht von dem künstlich eingebrachten inneren Defekt ausgehend versagt sind, sondern von teilweise deutlich kleineren Oberflächendefekten. Für die anderen Proben mit größeren Defekten konnte dieser Übergang im Versagensmechanismus nicht so deutlich festgestellt werden. Außerdem fand dieses Versagen erst bei deutlich niedrigeren Spannungsamplituden bzw. höheren Bruchlastspielzahlen statt. Serrano-Munoz et al. [189] konnten eindrucksvoll mittels in-situ Ermüdungsversuchen im µCT an einer AlSi-Legierung mit inneren Defekten zeigen, dass das Risswachstum ausgehend von Oberflächendefekten deutlich schneller abläuft als ausgehend von inneren, aber größeren Defekten. Die Ergebnisse deuten außerdem darauf hin, dass ein innerer Defekt mindestens um den Faktor 3 größer sein muss als ein Oberflächendefekt, damit er bruchauslösend ist.

5.1.7 Modellbasierte Beschreibung des defektdominierten Ermüdungsverhaltens nach Murakami

Auf Grundlage der Ergebnisse der Ermüdungsversuche und der fraktografischen Auswertung kann das in Abschnitt 2.3.1 beschriebene Modell nach Murakami zur Berechnung der Ermüdungsfestigkeit defektbehafteter Proben angewendet und für die künstlich eingebrachten Defekte verifiziert werden. Die berechnete Ermüdungsfestigkeit nach Murakami σ_w, Gl. 2.12, wird anschließend ins Verhältnis zur Spannungsamplitude σ_a gesetzt und gegen die Bruchlastspielzahl N_B aufgetragen, Abbildung 5.12 a) und b). In dieser Darstellung können nur Proben berücksichtigt werden, die entweder aufgrund des künstlich eingebrachten oder eines prozessbedingten Oberflächendefekts versagt sind. Da Durchläufer bei einer höheren Spannung erneut geprüft wurden, konnte der bei der höheren Spannungsamplitude bruchauslösende Defekt nachträglich vermessen und σ_w auch für die Durchläufer berechnet und der entsprechende Datenpunkt im Diagramm eingezeichnet werden. In den Fällen, in denen ein Durchläufer bei erneuter Prüfung ohne erkennbaren Defekt versagt ist, wurde diese Probe für die folgenden Untersuchungen nicht berücksichtigt. Zur besseren Übersichtlichkeit sind die Proben mit würfelförmigen und ellipsoiden Defekten getrennt in Abbildung 5.12 a) und b) dargestellt. Für die bruchauslösenden würfelförmigen Defekte 1000 und 1500 wurde $\sqrt{area}_{CT}$ als Defektgröße verwendet, Tabelle 5.3. Da für die 300 Defekte eine relativ große Streuung von $\sqrt{area}$ ermittelt wurde, erfolgte hierfür eine nachträgliche Vermessung des künstlichen Defekts. Für die ellipsoiden Defekte wurde die Defektgröße $\sqrt{area}$ ebenfalls mittels Fraktografie ermittelt. Die verwendeten Härtewerte, Tabelle 5.1, entsprechen den ermittelten Werten der XY-Ebene für die liegend gefertigten (Referenz und würfelförmige Defekte) und der XZ/YZ-Ebene für die stehend gefertigten Proben (ellipsoide Defekte), sodass die Prüfkraft des Härteeindrucks parallel zur Richtung des Risswachstums aufgebracht wurde.

Aus Abbildung 5.12 a) und b) wird ersichtlich, dass eine deutliche Reduzierung der Streuung, die sich noch in den klassischen Wöhler-Kurven, Abbildung 5.6 und Abbildung 5.7 a) und b), gezeigt hat, erreicht werden kann. Sowohl die Proben mit würfelförmigen als auch mit ellipsoiden Defekten können auf diese Weise einheitlich unter Berücksichtigung der bruchauslösenden Defektgröße und der Härte beschrieben werden. Besonders auffällig ist allerdings, dass eine klar erkennbare Separierung der Daten in Oberflächendefekte und Defekte im Probeninneren erfolgt. Während der Effekt in Abbildung 5.12 a) aufgrund des Vorhandenseins von nur einem Oberflächendefekt nicht eindeutig erkennbar ist, ist in Abbildung 5.12 b) diese Unterscheidung sehr deutlich auszumachen. Der Verlauf der Datenpunkte nimmt dabei einen steileren Verlauf als die Datenpunkte der künstlichen inneren Defekte ein, weshalb ihnen eine größere Reduzierung der Lebensdauer zugeschrieben werden muss. Dadurch zeigt sich auch, dass sich prozessbedingte ungewollte Oberflächendefekte und die künstlichen 600-r Defekte vergleichbar verhalten und diese nicht getrennt voneinander betrachtet werden müssen. Zu gleichen Ergebnissen kam auch Murakami [190], der in seinen Untersuchungen Oberflächendefekte in Form von Bohrlöchern, Vickers-Härteeindrücken und Kerben miteinander verglich und feststellen konnte, dass primär der in Abschnitt 2.3.1 beschriebene $\sqrt{area}$-Parameter zur

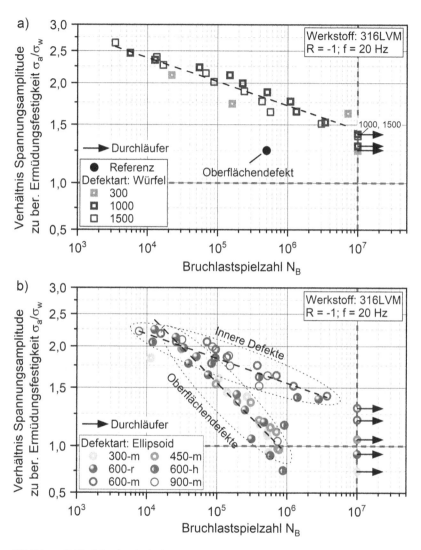

Abbildung 5.12 Murakami- (σ_a/σ_w-N_B-) Diagramme der 316LVM Proben mit a) kubischen Defekten und b) ellipsoiden Defekten; Ergebnisse teilweise aus [164]

Beschreibung des Defekts unabhängig von seiner Form ausreicht. Gleichzeitig gelten auch für alle Oberflächendefekte die gleichen Bedingungen bzgl. des schnelleren Risswachstums, die bereits in Abschnitt 5.1.6 diskutiert wurden. Die steilere Kurve der Oberflächendefekte führt dazu, dass die Datenpunkte die theoretische Ermüdungsfestigkeit bei $\sigma_a/\sigma_w = 1,0$ bereits bei $N \approx 8,0 \cdot 10^5$ erreichen. Erkennbar ist ebenfalls, dass einige Datenpunkte sogar unterhalb der Grenze des Modells liegen, was auf eine Überschätzung der Ermüdungsfestigkeit durch das Modell nach Murakami in diesem Bereich hindeutet. Die durch die beiden auftretenden Versagensmechanismen, Versagen ausgehend von einem Oberflächendefekt oder einem inneren Defekt, verursachte Unterscheidbarkeit der Murakami-Kurven bestätigt das in der Literatur bereits vielfach beschriebene Vorhandensein einer sog. Duplex-Wöhler-Kurve [191–193]. Diese Kurven zeichnen sich dadurch aus, dass sich individuelle Wöhler-Kurven in Abhängigkeit ihres Rissursprungs, nämlich Versagen ausgehend von der Oberfläche oder von einem Defekt im Inneren, ausbilden. Diese Separierung der Versagensmechanismen konnte über die klassische Wöhler-Kurve, Abbildung 5.7 a) und b), aufgrund der Darstellung unabhängig von der Versagensursache nur angedeutet auf Basis der 600-m und 600-r Defekte erfolgen, während sie über die Murakami-Kurven und für weitere, prozessbedingte Oberflächendefekte eindeutig bestätigt werden kann.

Mittels Gl. 5.1 können die Ergebnisse in Abbildung 5.12 mathematisch beschrieben werden und die Parameter C_M und m_M bestimmt werden [175]. Auf diese Weise erhält man für die inneren ellipsoiden und würfelförmigen Defekte sowie für die Oberflächendefekte insgesamt drei Parametersätze, die in Tabelle 5.7 aufgeführt sind.

$$N_{B,Mura} = C_M (\sigma_a/\sigma_w)^{m_M} \qquad \text{(Gl. 5.1)}$$

Tabelle 5.7 Ermittelte Parameter C_M und m_M auf Basis des Modells nach Murakami für die bruchauslösenden Oberflächendefekte sowie die inneren würfelförmigen und ellipsoiden Defekte (316LVM)

Versagensort	C_M	m_M	R^2
Oberflächendefekte	$7{,}1 \cdot 10^5$	$-4{,}21$	$0{,}887$
Innere Defekte – Würfel	$1{,}1 \cdot 10^9$	$-13{,}07$	$0{,}923$
Innere Defekte – Ellipsoid	$1{,}1 \cdot 10^8$	$-11{,}41$	$0{,}844$

Die Bestimmtheitsmaße der Fits zeigen zwar eine gewisse Streuung, diese liegt aber in einem vertretbaren Rahmen. In jedem Fall wurde aber eine bessere Korrelation als für manche Defektarten mittels Basquin, Tabelle 5.4, erreicht. Die Parameter zeigen ebenfalls die deutlichen Unterschiede zwischen inneren Defekten und Defekten an der Oberfläche. Gleichzeitig sind auch Unterschiede zwischen den beiden Defektformen bzw. deren Proben erkennbar.

Ein direkter Vergleich der berechneten Bruchlastspielzahl $N_{B,Mura}$ mit den experimentellen Daten für die bruchauslösenden Oberflächendefekte, sowohl prozessbedingt als auch künstlich eingebracht (600-r), ist in Abbildung 5.13 zu finden. Die eingezeichneten Grenzen entsprechen einem Faktor von 2, sodass ersichtlich wird, dass das Modell nach Murakami eine sehr zufriedenstellende Übereinstimmung zwischen den experimentellen und berechneten Bruchlastspielzahlen besteht. Lediglich zwei Datenpunkte zeigen geringe Abweichungen, wobei sowohl eine Über- als auch eine Unterschätzung von N_B stattfindet, sodass darauf aufbauend kein eindeutiger Trend identifiziert werden kann. Ebenfalls ist es nicht möglich zu bewerten, ob eine liegende oder stehende Probenfertigung einen Einfluss auf das Ermüdungsverhalten bei Versagen ausgehend von einem Oberflächendefekt bewirkt, da lediglich eine Probe des Referenzzustands mit einem Oberflächendefekt berücksichtigt werden konnte.

Das Modell ermöglicht nicht nur die Berechnung individueller Bruchlastspielzahlen, um diese mit den experimentellen Werten zu vergleichen, sondern erlaubt es auch, defektgrößenspezifische Wöhler-Kurven aufzustellen, indem in Gl. 5.1 σ_w mittels Gl. 2.12 für eine beliebige Defektgröße mit der zuvor ermittelten Härte HV eingesetzt werden kann. Anschließend wird $N_{B,Mura}$ für jedes beliebige σ_a berechnet und gegen die jeweilige Spannungsamplitude aufgetragen.

$$N_{B,Mura} = C_M \frac{\sigma_a}{Y_2 \cdot \frac{(HV+120)}{\sqrt{area}^{1/6}}}^{m_M} \qquad \text{(Gl. 5.2)}$$

Auf diese Weise wurden die in Abbildung 5.14 gezeigten defektspezifischen Wöhler-Kurven für Oberflächendefekte mit einer Größe von $\sqrt{area} = 50$, 100, 150, 300 und 600 μm berechnet und mit den experimentellen Datenpunkten in Vergleich gesetzt. Als Vorfaktor C zur Berechnung von σ_w wurde hier, da es sich um Oberflächendefekte handelt, der Wert $Y_2 = 1,43$ in Gl. 5.2 eingesetzt. Bereits auf Basis der Farbgebung in Abhängigkeit ihrer Defektgröße kann ein Trend der Versuchsdaten beobachtet werden, sodass sich diese gemäß der defektgrößenspezifischen Wöhler-Kurven zuordnen lassen. Die Ergebnisse zeigen ebenfalls, dass Oberflächendefekte zu einer maximalen Bruchlastspielzahl von $N_B \leq 10^6$ führen und kein Versagen oberhalb dieser Lastspielzahl beobachtet wurde.

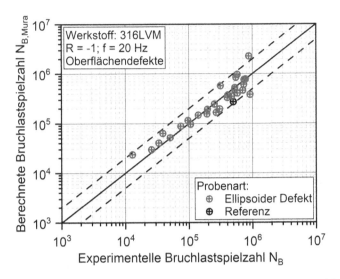

Abbildung 5.13 Vergleich von experimenteller und auf Basis des Modells nach Murakami berechneter Bruchlastspielzahl für bruchauslösende Oberflächendefekte im 316LVM

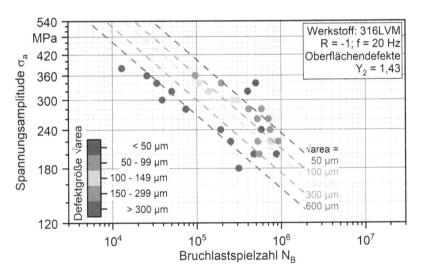

Abbildung 5.14 Defektgrößenspezifische Wöhler-Kurven für Oberflächendefekte auf Basis des Modells nach Murakami

Selbiges ist ebenfalls für die bruchauslösenden würfelförmigen und ellipti-schen Defekte im Probeninneren möglich, indem $Y_2 = 1{,}56$ in Gl. 5.2 eingesetzt wird. Die auf diese Weise berechneten Werte von $N_{B,Mura}$ sind im Vergleich mit den experimentellen Ergebnissen in Abbildung 5.15 dargestellt. Erkennbar ist, dass die Übereinstimmung mit den experimentellen Daten schlechter ausfällt als für die Oberflächendefekte, sodass mehrere Datenpunkte aus den Faktor-2-Grenzen herausfallen, wobei erneut kein eindeutiger Trend einer Über- oder Unterschätzung festzustellen ist. Allgemein betrachtet zeigt sich allerdings immer noch eine zufriedenstellende Übereinstimmung zwischen den modellbasierten und experimentellen Werten.

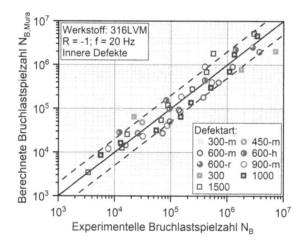

Abbildung 5.15 Vergleich von experimenteller und auf Basis des Modells nach Murakami berechneter Bruchlastspielzahl für bruchauslösende künstliche innere Defekte im Werkstoff 316LVM

Ebenso wie für die Oberflächendefekte, können mithilfe des Modells und Gl. 5.2 unter Verwendung von $Y_2 = 1{,}56$ auch die defektspezifischen Wöhler-Kurven für die Proben mit inneren würfelförmigen und ellipsoiden Defekten aufgestellt werden, Abbildung 5.16 a) und b). Hier wurden zwei Diagramme erstellt, da für die unterschiedlichen Defektarten auch voneinander abweichende Parameter C_M und m_M ermittelt wurden. Auch hier zeigt sich eine allgemein sehr gute Übereinstimmung zwischen den berechneten Kurven und den expe-rimentellen Daten. Vornehmlich für die Proben mit würfelförmigem 300- und ellipsoidem 300-m Defekt in Abbildung 5.16 a) bzw. b) kann keine sehr gute

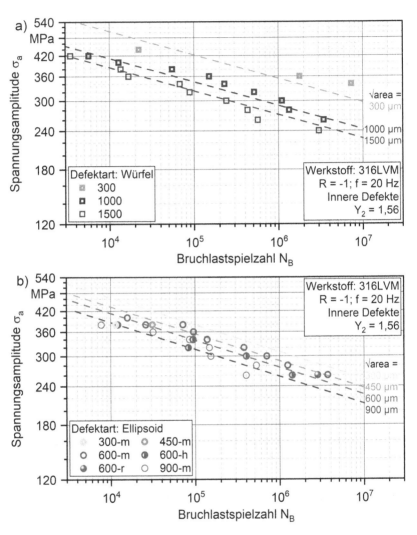

Abbildung 5.16 Defektgrößenspezifische Wöhler-Kurven für künstliche innere Defekte auf Basis des Modells nach Murakami für a) würfelförmige Defekte; b) ellipsoide Defekte

Übereinstimmung erzielt werden, obwohl die Bruchflächen ein Versagen ausgehend vom künstlich eingebrachten Defekt zeigten. Eine ausführlichere Diskussion diesbezüglich findet sich in Abschnitt 5.1.9.

5.1.8 Modellbasierte Beschreibung des defektdominierten Ermüdungsverhaltens nach Shiozawa

Das Modell nach Shiozawa basiert auf dem in Abschnitt 2.3.2 beschriebenem Ansatz von Paris-Erdogan. Dafür ist es notwendig, den SIF ΔK jedes bruchauslösenden Defekts nach Gl. 2.11 zu berechnen und gegen die defektgrößenspezifische Bruchlastspielzahl $N_B/\sqrt{area}$ aufzutragen. Aufgrund des Spannungsverhältnisses von $R = -1$ wird allerdings lediglich der Zug-Anteil der Belastung berücksichtigt, sodass anstatt $\Delta\sigma$ die Spannungsamplitude σ_a zur Berechnung genutzt wird [194]. Auf diese Weise ist es möglich, die modellbasierten Parameter C_S und m_S zu ermitteln, indem mittels Anpassungsfunktion die Versuchsdaten beschrieben werden. Zur Berechnung des SIF wurde für die inneren künstlichen Defekte der Vorfaktor $Y_1 = 0,5$ und für prozessbedingte Oberflächendefekte $Y_1 = 0,65$ verwendet. Das Resultat dieser Auftragung für alle untersuchten Zustände bzw. Defektarten findet sich in Abbildung 5.17 in Form des sog. Shiozawa-Diagramms.

Ähnlich zu den Ergebnissen des Modells nach Murakami entstehen auf diese Weise drei individuelle Verläufe, die auf zwei Faktoren zurückgeführt werden können. Die Daten der Oberflächendefekte nehmen einen deutlich steileren Kurvenverlauf ein. Es handelt sich hier allerdings nur um prozessbedingte Oberflächendefekte der Proben mit ellipsoidem Defekt sowie die 600-r Proben und eine Probe des Referenzzustands. Shiozawa et al. [106] fanden für einen niedriglegierten NiCrMo-Stahl im Shiozawa-Diagramm ebenfalls unterschiedliche Verläufe je nachdem, ob ein Versagen aufgrund eines bruchauslösenden nichtmetallischen Einschlusses in Oberflächennähe oder im Probeninneren stattfand.

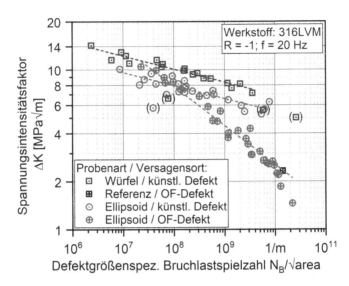

Abbildung 5.17 Shiozawa- (ΔK-N_B/$\sqrt{area}$-) Diagramm zur Ermittlung der Parameter C_S und m_S (OF: Oberfläche)

Die beiden weiteren Shiozawa-Kurven der künstlichen Defekte verlaufen annähernd parallel, allerdings mit einer deutlich geringeren Steigung als die Shiozawa-Kurve der Oberflächendefekte. Auch in diesem Modell zeigt sich also der Einfluss der Defektform und seiner resultierenden Kerbwirkung, vgl. Abschnitt 5.1.5. Dies zeigte sich auch bereits bei der Auswertung der Ergebnisse gem. des Modells nach Murakami, Abschnitt 5.1.7.

Zu erwähnen ist, dass die drei eingeklammerten Datenpunkte zu den drei 300-Proben gehören, die aufgrund ihres künstlichen Defekts versagten. Diese reihen sich unerwarteterweise eher in die Datenpunkte der ellipsoiden Defekte anstatt der würfelförmigen Defekte ein und wurden deshalb für die Bestimmung von C_S und m_S für die würfelförmigen Defekte nicht berücksichtigt. Tatsächlich bestätigt dies indirekt die in Abschnitt 5.1.5 aufgestellten Hypothesen insoweit, dass die 300-Defekte aufgrund ihrer geringen Größe bedingt durch den Downskin-Effekt eine von einem Würfel abweichende Form aufweisen und damit geometrisch betrachtet mehr Ähnlichkeiten mit den Ellipsoiden als mit den Würfeln besitzen. Die abweichende Form zeigte sich ebenso bereits in den µCT-Ergebnissen Abbildung 5.2 a) und den fraktografischen Untersuchungen, Abbildung 5.8 c).

Zusätzlich dazu wurde auch der einzige bruchauslösende Defekt der 300-m Proben bei $\sigma_a = 380$ MPa nicht berücksichtigt, da er sich weder der Shiozawa-Kurve der Oberflächendefekte noch der ellipsoiden Defekte zuordnen lässt.

Die Ergebnisse des Anpassungsfits mit den für die drei gezeigten Shiozawa-Kurven ermittelten Parameter C_S und m_S sind in Tabelle 5.8 aufgeführt.

Tabelle 5.8 Ermittelte Parameter C_S und m_S auf Basis des Modells nach Shiozawa für die bruchauslösenden Oberflächendefekte sowie die inneren würfelförmigen und ellipsoiden Defekte (316LVM)

Versagensort	C_S	m_S	R^2
Oberflächendefekt	$2,12 \cdot 10^{-12}$	4,08	0,969
Innere Defekte – Würfel	$1,21 \cdot 10^{-21}$	12,16	0,926
Innere Defekte – Ellipsoid	$1,56 \cdot 10^{-20}$	12,31	0,778

Während die Unterschiede der Shiozawa-Kurven von Oberflächendefekten und inneren Defekten sowohl in C_S als auch in m_S erkennbar sind, sind die Unterschiede zwischen würfelförmigem und ellipsoidem Defekt deutlich weniger stark ausgeprägt. Zusätzlich zeigt das Bestimmtheitsmaß für die ellipsoiden Defekte einen schlechteren Wert von $R^2 = 0,778$, während er für die beiden anderen Fits deutlich über 0,9 liegt. Während m_S eine sehr gute Übereinstimmung zum Exponenten m nach Paris-Erdogan für PBF-LB AISI 316L in klassischen Risswachstumsuntersuchungen von m = 3,7–4,1 [76] aufweist, deutet die Steigung in Form von $m_S = 12,16$ und 12,31 für die würfelförmigen und ellipsoiden Defekte darauf hin, dass hier ein sehr ähnlicher Versagensmechanismus vorgefunden werden kann. Für die mittels PBF-EB verarbeitete Legierung TNM-B1 konnten Teschke et al. [195] ebenfalls erfolgreich das Modell nach Shiozawa für LoF und Gasporen anwenden. Allerdings zeigten die Bruchflächen keine Defekte im direkten Kontakt mit der Oberfläche, sodass nur eine Unterscheidung zwischen oberflächennah ($Y_1 = 0,65$) und im Probeninneren ($Y_1 = 0,5$) durchgeführt wurde. Tenkamp et al. verwendeten das Modell nach Shiozawa zur Bewertung der Defekttoleranz gießtechnisch und mittels PBF-LB hergestellter AlSi-Legierungen und erweiterten das Modell um einen elastisch-plastischen Anteil durch Berechnung des J-Integrals [75].

Vergleichbar zum Vorgehen für das Modell nach Murakami, lassen sich auf Basis der Parameter C_S und m_S die modellbasierte Bruchlastspielzahl nach Shiozawa $N_{B,Shio}$ für jede einzelne Probe gem. Gl. 5.3 berechnen und mit den Versuchsdaten vergleichen. Abbildung 5.18 zeigt den Vergleich der berechneten mit der experimentellen Bruchlastspielzahl für die bruchauslösenden Oberflächendefekte. Das Modell ist in der Lage, die Bruchlastspielzahl mit guter Übereinstimmung zu den tatsächlichen Ergebnissen abzuschätzen, wobei lediglich in der Nähe von $N_B \approx 10^6$ mehrere Datenpunkte außerhalb der Faktor-2-Grenzen liegen.

$$N_{B,Shio} = \frac{2 \cdot \sqrt{area}}{\Delta K^{m_S} \cdot C_S \cdot (m_S - 2)} \qquad \text{(Gl. 5.3)}$$

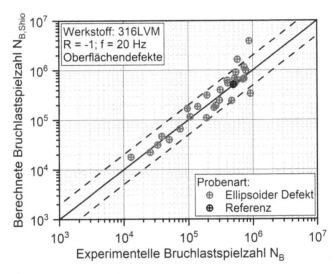

Abbildung 5.18 Vergleich von experimenteller und auf Basis des Modells nach Shiozawa berechneter Bruchlastspielzahl für bruchauslösende Oberflächendefekte im Werkstoff 316LVM

Ebenso ist es möglich, defektgrößenspezifische Wöhler-Kurven zu erstellen, indem für eine konstante Defektgröße $\sqrt{area}$ über ΔK die entsprechende Spannungsamplitude σ_a berechnet wird. Gleichzeitig kann der dazugehörige Wert von ΔK zur Berechnung von $N_{B,Shio}$ verwendet werden, wodurch die entsprechenden Kurven in Abbildung 5.19 für die Defektgrößen $\sqrt{area} = 50, 100, 150, 300$ und $600 \, \mu m$ berechnet werden können.

Die auf diese Weise erhaltenen Wöhler-Kurven bilden die experimentellen Daten ebenfalls erfolgreich ab und zeigen, dass sowohl die künstlichen

600-r Defekte als auch die prozessbedingten ungewollten Defekte und deren Auswirkung auf das Ermüdungsverhalten beschrieben werden können.

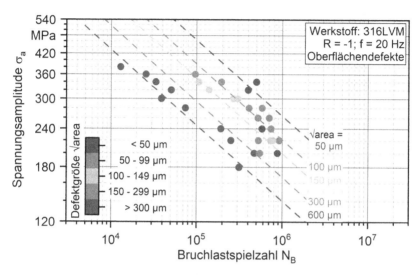

Abbildung 5.19 Defektgrößenspezifische Wöhler-Kurven für Oberflächendefekte auf Basis des Modells nach Shiozawa

Für die würfelförmigen und ellipsoiden Defekte kann das gleiche Vorgehen durch Einsetzen von C_S und m_S in Gl. 5.3 zur Berechnung der modellbasierten Bruchlastspielzahl $N_{B,Shio}$ eingesetzt werden, um einen Vergleich zu den experimentellen Daten zu ermöglichen. Die Ergebnisse in Abbildung 5.20 zeigen eine deutlich höhere Streuung als für die Oberflächendefekte, sodass die Faktor-2 Grenzen von mehreren Datenpunkten unter- und überschritten werden. Das Modell nach Shiozawa zeigt somit eine etwas schlechtere Anwendbarkeit für innere Defekte im 316LVM, wobei die genauen Gründe dafür nur schwer auszumachen sind. Möglich ist, dass Proben primär vom künstlichen Defekt versagten, aber gleichzeitig auch Rissinitiierung und -wachstum von Oberflächendefekten zeigen, wie es z. B. für die in Abbildung 5.10 b) gezeigte Probe stattgefunden hat. Diese Interaktion wird jedoch von keinem der angewendeten Modelle berücksichtigt, sodass ein möglicher die Bruchlastspielzahl senkender Einfluss nicht über ΔK abgebildet werden kann und das Modell somit N_B überschätzt. Bemerkenswert ist ebenfalls, dass $N_{B,Shio}$ für fast alle 600-h Defekte mittels des Modells konsequent zu hohe Werte bestimmt.

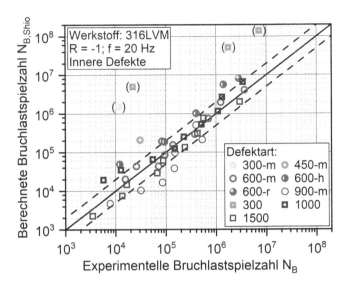

Abbildung 5.20 Vergleich von experimenteller und auf Basis des Modells nach Shiozawa berechneter Bruchlastspielzahl für bruchauslösende künstliche innere Defekte im Werkstoff 316LVM

Auch hier ist es wieder möglich, defektgrößenspezifische Wöhler-Kurven zu berechnen, die für die würfelförmigen Defekte in Abbildung 5.21 für die Defektgrößen $\sqrt{\text{area}} = 300$, 1000 und 1500 µm dargestellt sind. So ist auch noch einmal die Fehleinschätzung des Einflusses der kleinen 300er Defekte ersichtlich, wobei diese auch nicht für den Fit berücksichtigt wurden. Im Gegensatz dazu zeigt sich eine sehr gute Übereinstimmung für die defektgrößenspezifischen Wöhler-Kurven der großen 1000- und 1500-Defekte, sodass das Modell nach Shiozawa für diese Defekte trotz ihrer Größe sehr gut angewendet werden kann.

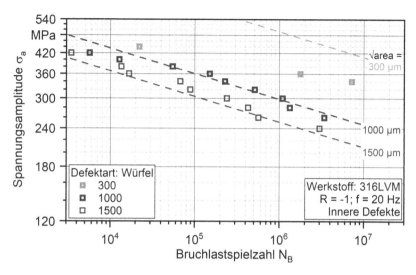

Abbildung 5.21 Defektgrößenspezifische Wöhler-Kurven für künstliche würfelförmige Defekte auf Basis des Modells nach Shiozawa

Abbildung 5.22 zeigt die defektspezifischen Wöhler-Kurven für die Defektgrößen $\sqrt{area} = 300$, 450, 600 und 900 μm gemäß der vorgegebenen Größe der eingebrachten künstlichen Defekte. Für die 900-m Defekte kann zwar geltend gemacht werden, dass diese gem. der in Tabelle 5.6 angegebenen fraktografisch bestimmten Defektgrößen etwas geringer als $\sqrt{area} = 900$ μm sind, und somit keine genaue Übereinstimmung mit der defektgrößenspezifischen Wöhler-Kurve für $\sqrt{area} = 900$ μm möglich ist. Allerdings ist dies keine Erklärung dafür, dass die 900-m Defekte zum Teil trotz logarithmischer Darstellung näher an der berechneten Wöhler-Kurve für $\sqrt{area} = 600$ μm liegen. Mögliche Gründe für die Abweichungen und Ungenauigkeiten des Modells werden auch bezüglich der 300-m Probe ausführlicher in Abschnitt 5.1.9 diskutiert.

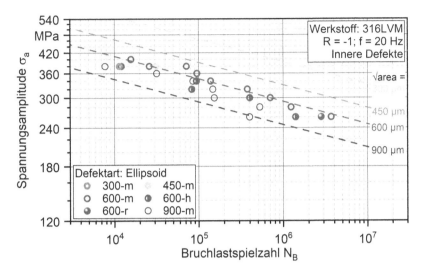

Abbildung 5.22 Defektgrößenspezifische Wöhler-Kurven für künstliche ellipsoide Defekte auf Basis des Modells nach Shiozawa

5.1.9 Fazit zur Anwendbarkeit der defektbasierten Modelle

In den vorhergehenden Abschnitten 5.1.7 und 5.1.8 konnte sehr gut aufgezeigt werden, dass klassische Wöhler-Kurven nicht dazu geeignet sind, ein defektdominiertes Ermüdungsverhalten zu beschreiben. Da insbesondere mittels PBF-LB verarbeitete Werkstoffe prozessbedingte Defekte mit unterschiedlichen Größen, Formen und Positionen aufweisen können, führen diese dazu, dass die Streuung in der Bruchlastspielzahl sehr hoch ausfallen kann. Die Untersuchung des Einflusses von künstlichen Defekten mit definierter Größe, Form und Position ermöglicht es, die Anwendbarkeit defektbasierter Modelle zur Beschreibung des Ermüdungsverhaltens systematisch zu bewerten. Zwar konnten Unterschiede in den Ergebnissen bedingt durch die Defektform festgestellt werden, dies schränkt aber die Anwendbarkeit der Modelle im Allgemeinen nicht ein, sollte allerdings bei der Diskussion der Ergebnisse nicht unberücksichtigt bleiben. Da die Form von LoF, die häufig die größten Defekte in PBF-LB Werkstoffen ausmachen, zumeist eine größere Ähnlichkeit zu den künstlich eingebrachten Ellipsoiden als zu den Würfeln aufweisen, sind die Ergebnisse dieser Defektart als anwendungsnäher anzusehen als die der würfelförmigen Defekte.

Die Ergebnisse zeigen eindrucksvoll, dass die zu diesem Zweck angewendeten Modelle nach Murakami und Shiozawa zu einer deutlichen Verbesserung der Aussagekraft von Ermüdungsversuchen an PBF-LB Werkstoffen beitragen können. So kann nicht nur die Streuung in der Bruchlastspielzahl primär durch die vorhandenen Defekte interpretiert werden, sondern auch eine Bewertung der Defekttoleranz erfolgen. Gleichzeitig ermöglichen die vorliegenden Ergebnisse eine Abschätzung, wie kritisch sich ein Oberflächendefekt auf N_B im Vergleich zu einem inneren Defekt auswirkt bzw. ab wann ein Übergang des Versagensmechanismus stattfindet. Dadurch, dass Unterschiede in der Defektgröße durch das Modell bereits berücksichtigt werden, kann auch das Ermüdungsverhalten von Werkstoffen mit zufälliger Defektgrößenverteilung besser bildlich in einem σ_a/σ_w-N_B oder ΔK-$N_B/\sqrt{area}$ Diagramm dargestellt und darauf aufbauend interpretiert werden. Diese Darstellungen ermöglicht ebenfalls die Identifizierung des Übergangspunkts der Versagensmechanismen. So kann auf Basis des Modells nach Murakami für den untersuchten Werkstoff dieser Übergang bei $\sigma_a/\sigma_w \approx$ 2,0 beobachtet werden. Oberhalb dieses Werts wirken sich große, innere Defekte kritischer als Oberflächendefekte auf das Ermüdungsverhalten aus, da ab diesem Punkt die Murakami-Kurve der inneren Defekte eine geringere Bruchlastspielzahl aufweist als die Murakami-Kurve der Oberflächendefekte. Unterhalb von $\sigma_a/\sigma_w \approx 0,8$ konnte kein Versagen ausgehend von Oberflächendefekten festgestellt werden, sodass dieser Wert eine untere Grenze für Oberflächendefekte darstellt. Dieser Wert liegt jedoch geringfügig unter der von Murakami [101] definierten Grenze von $\sigma_a/\sigma_w \approx 1,0$, bei der die Spannungsamplitude identisch zur berechneten Ermüdungsfestigkeit wäre, sodass in manchen Fällen eine Überschätzung von σ_w stattfindet. Für die 600-r Defekte konnte dies Grenze jedoch bestätigt werden, da es noch zu einem Versagen bei $\sigma_a/\sigma_w = 1,05$ kam, während ein Durchläufer bei $\sigma_a/\sigma_w = 0,95$ erzielt wurde.

Eine ähnliche Aussage ist auch auf Basis des Shiozawa-Diagramms möglich. Die Überschneidung der Shiozawa-Kurven für Oberflächen- und innere Defekte erfolgt bei $\Delta K \approx 8,0$ (ellipsoide Defekte) bzw. 11,5 MPa$\sqrt{m}$ (würfelförmige Defekte), sodass bei einem Wert des SIF, der größer als dieser ist, Versagen vom Defekt ausgehend zu erwarten ist, auch wenn ein Oberflächendefekt vorhanden sein sollte. Die untere Grenze für ein Versagen von Oberflächendefekten liegt in dieser Arbeit für den Werkstoff 316LVM bei einem SIF von $\Delta K \approx$ 1,5 MPa$\sqrt{m}$. Dadurch ergibt sich, dass Oberflächendefekte ausschließlich im Bereich 1,5 MPa$\sqrt{m} \leq \Delta K \leq 8,0$ bzw. 11,5 MPa$\sqrt{m}$ bruchauslösend sind. Nimmt man allerdings $\Delta K = 1,5$ MPa$\sqrt{m}$ als ΔK_{th} an, so liegt dieser Schwellwert bei weniger als der Hälfte des Werts, der über klassische Versuche zum Risswachstumsverhalten ermittelt wurde [83]. Was genau diesen Unterschied bewirkt, kann im Rahmen dieser Arbeit nicht abschließend geklärt werden.

Diese Aussagen bzgl. σ_a/σ_w und ΔK sind auf Basis klassischer Wöhler-Kurven nicht möglich und zeigen eindeutig den Mehrwert dieser Modelle. Zusätzlich ist ein mögliches Vorgehen zur Bestätigung dieses Verhaltens über eine Kombination aus künstlichen Defekten im Inneren und an der Probenoberfläche möglich. Wie die bisherigen Ergebnisse aufzeigen, bietet die AM dafür die besten Voraussetzungen, um definierte Defekte im Probeninneren zu erzeugen. Entsprechende Oberflächendefekte mit definierter Größe lassen sich ebenfalls recht einfach auch noch im Nachhinein mittels Bohrens oder Erodierens erzeugen, wie es auch bereits von Murakami [190] durchgeführt worden ist.

Grenzen der Modelle
In den Abschnitten 5.1.5 und 5.1.6 konnte bereits ein Einfluss von Defektform und -position festgestellt werden, der sich auch in den Diagrammen der entsprechenden Modelle zeigte. Dadurch erfolgte eine Differenzierung zwischen Oberflächendefekt und Defekt im Probeninneren sowie zwischen ellipsoidem und würfelförmigem Defekt. Der Einfluss der Defektposition konnte bereits in Abschnitt 5.1.5 vor allem mit dem Einfluss der Atmosphäre bzw. einer Wechselwirkung zwischen Sauerstoff oder Luftfeuchtigkeit mit der Rissspitze begründet werden, wodurch das Risswachstum beschleunigt wird. Jedoch zeigen sich in den Ergebnissen der modellbasierten Auswertung, dass dieser Aspekt allein nicht weit genug greift. So zeigt sich z. B. in Abbildung 5.20, dass das Modell nach Shiozawa mit $N_{B,Shio}$ die Bruchlastspielzahl der 600-h Proben systematisch überschätzt, sodass vier der fünf Datenpunkte außerhalb der Faktor-2 Grenzen liegen. Berücksichtigt man die Grundlage des Modells in Form eines durch das Risswachstum dominierten Ermüdungsverhaltens, deutet das auf einen Einfluss hin, der mittels des Modells nach Murakami nicht so ausgeprägt erkennbar ist, während das Modell nach Shiozawa hier differenziert. Da der Abstand der 600-r Defekte zur Oberfläche aufgrund ihrer Position im Probenquerschnitt nur die Hälfte der 600-m Defekte beträgt, können die Ergebnisse so interpretiert werden, dass das Risswachstum ausgehend vom 600-h Defekt bis zur Oberfläche einen gewissen Anteil an der Gesamtbruchlastspielzahl hat und ein weiterer Anteil das noch verbliebene Risswachstum bis zum vollständigen Versagen der Probe mit beschleunigter Risswachstumsgeschwindigkeit ausmacht. Da das Modell nach Shiozawa bereits ein schnelleres Risswachstum für Defekte oder in diesem Fall Risse im Kontakt mit der Oberfläche bestätigen konnte, sollte die Differenz zwischen der Bruchlastspielzahl der 600-m und 600-r Proben in etwa dem Anteil der

Gesamtbruchlastspielzahl entsprechen, die für das Risswachstum vom 600-h Defekt bis zur Probenoberfläche entsprechen.

Zum besseren Verständnis ist dieser Ablauf in Abhängigkeit der Defektposition in Abbildung 5.20 a-c) schematisch dargestellt. Während die Gesamtbruchlastspielzahl der 600-m Probe ausschließlich aus Risswachstum im Probeninneren, „1" in Abbildung 5.23 a), und bei der 600-r von der Oberfläche ausgehend, „2" in Abbildung 5.23 c), besteht, liegen für die 600-h Probe beide Risswachstumsarten, „1" → „2" in Abbildung 5.23 b), vor, wobei davon auszugehen ist, dass der Riss, sobald er die Probenoberfläche erreicht hat, deutlich schneller wächst und damit weniger als die Hälfte der Gesamtbruchlastspielzahl ausmacht. Ein deutlicher Hinweis ist auch die Größe des Fischauges, das nur dann entsteht, wenn Risse ausgehend von Defekten im Inneren entstehen [196]. Während die Bruchfläche der 600-m Probe ein sehr großes Fischauge zeigt, ist dieses für die 600-h Probe deutlich kleiner und weist eine ungleichmäßigere Form mit einer stärkeren Ausrichtung zur Oberfläche auf. Im Gegensatz dazu hat sich um den 600-r Defekt gar kein Fischauge ausgebildet.

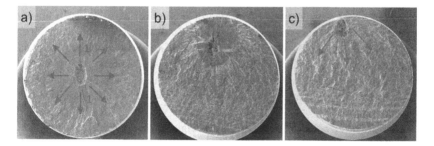

Abbildung 5.23 Schematische Darstellung der Zusammensetzung der Risswachstumsarten a) 600-m Probe; b) 600-h Probe, c) 600-r Probe (1: Risswachstum im Inneren, 2: Risswachstum mit Oberflächenkontakt)

Die Ergebnisse der Fits der Modelle nach Murakami und Shiozawa in Verbindung mit der Diskussion in Abschnitt 5.1.5 lassen außerdem vermuten, dass für die sehr große Defektform, die die Würfel mit 1000 und 1500 μm Kantenlänge darstellen, die recht einfache Abschätzung von ΔK auf Basis von $\sqrt{area}$ seine Gültigkeit verliert. Möglich ist, dass aufgrund der Größe der Defekte die Grenzen der Modelle überschritten wurden. So gibt Murakami [101] allgemein eine maximale Defektgröße von $\sqrt{area} = 1000\ \mu$m an, ohne genau zu begründen, auf welcher Basis diese Grenze ermittelt wurde. Für das Modell nach Shiozawa gilt außerdem die Annahme, dass das Verhältnis von Defektgröße zu Größe der GBF $\sqrt{area}/\sqrt{area}_{GBF}$, die in dieser Arbeit eher als eine Art physikalisch maximale Risslänge interpretiert wird, ungefähr bzw. mindestens $1/1{,}8$ betragen sollte [107]. Die sich um nichtmetallische Einschlüsse bildende GBF konnte in den vorliegenden Arbeiten auf den Bruchflächen nicht festgestellt werden. Aufgrund der eingebrachten Größe der künstlichen Defekte von bis zu $\sqrt{area} = 1500$ µm ist davon auszugehen, dass das Verhältnis $\sqrt{area}/\sqrt{area}_{GBF} \approx 1{,}8$ nicht eingehalten wurde. Dies erklärt möglicherweise auch die schlechtere Übereinstimmung von $N_{B,Shio}$ mit N_B.

Gleichzeitig kann davon ausgegangen werden, dass bei diesen Defektgrößen eine rein linear-elastische bruchmechanische Betrachtung nicht zulässig ist und kein rein elastisches Spannungsfeld um den Riss vorliegt bzw. die Größe der plastischen Zone nicht mehr vernachlässigt werden kann. Eine detailliertere Bestimmung von ΔK dieser Defekte, z. B. mittels FEM-Berechnung und eine Erweiterung der Modelle wie für das Modell nach Shiozawa unter Verwendung des J-Integrals [75] sind für zukünftige Untersuchungen zu diesem Thema zu empfehlen, finden im Rahmen dieser Arbeit allerdings nicht statt und sollten nur für sehr große Defekte (in dieser Arbeit $\sqrt{area} = 900$–1500 µm) relevant sein. In diesem Zusammenhang ist auch zu beachten, dass typische prozessbedingte Defekte im Allgemeinen kleiner sind. Interessant könnte eine derartige Betrachtung allerdings bei konstruktionsbedingten Kerben oder Hohlräumen sowie innenliegenden Kühlkanälen sein, die durch Topologieoptimierung oder Funktionsintegration im Bauteilinneren gefertigt werden. Dadurch, dass allerdings alle Defekte unabhängig von ihrer Größe gleich gewichtet wurden, bedingt dies sehr wahrscheinlich die in Abbildung 5.13 und Abbildung 5.20 erkennbaren größeren Unterschied zwischen modellbasierten und experimentellen Daten.

Ein weiterer zu berücksichtigender Punkt zeigt sich bei näherer Betrachtung der Bruchfläche der 300-m Probe ($\sigma_a = 380$ MPa, $N_B = 1{,}1 \cdot 10^4$), die für das Modell nach Shiozawa aufgrund seiner Lage im Shiozawa-Diagramm, Abbildung 5.17, gar nicht erst berücksichtigt wurde. Während in Abbildung 5.24 b) eindeutige Merkmale für Risswachstum ausgehend vom künstlichen Defekt erkennbar sind, zeigt sich zusätzlich Risswachstum ausgehend von einem Oberflächendefekt.

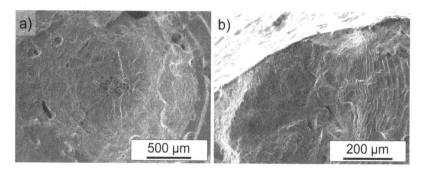

Abbildung 5.24 Multiple Rissinitiierung auf der Bruchfläche der einzigen 300-m Probe, die ausgehend von ihrem künstlichen Defekt versagt ist (316LVM, $\sigma_a = 380$ MPa, $N_B = 1{,}1\cdot10^4$) a) künstlich eingebrachter Defekt; b) Oberflächendefekt

Die Interaktion der beiden Risse scheint daher zu einer signifikanten Reduzierung der Bruchlastspielzahl geführt zu haben, als nur bei Vorhandensein des inneren Defekts zu erwarten gewesen wäre. Berücksichtigt man in diesem Fall lediglich den vorhandenen Oberflächendefekt mit $\sqrt{\text{area}} = 132$ µm, liegt die berechnete Bruchlastspielzahl $N_{B,\text{Mura}}$ immer noch um den Faktor 6 höher als die experimentelle Bruchlastspielzahl, sodass weder das Modell nach Murakami noch nach Shiozawa in der Lage sind, die Wechselwirkung zwischen mehreren (An-)Rissen abbilden zu können.

Die vorliegenden Ergebnisse zeigen allerdings auch, dass die von Murakami et al. [175] aufgestellte Hypothese, dass Proben mit definierter Defektgröße zu klar voneinander trennbaren Wöhler-Kurven führen, bestätigt werden kann. Während allerdings bisherige Untersuchungen vor dem Problem standen, dass prozessinduzierte Defekte, die ungewollt während des PBF-LB Prozesses entstehen, ebenfalls eine unkontrollierbare Streuung in den Defektgrößen aufweisen, ermöglicht das gewollte Einbringen von Defekten eine systematische Untersuchung des Einflusses der Defektgröße und auch Position auf das Ermüdungsverhalten. Durch eine Verknüpfung von modellbasierter Beschreibung und dem Erzeugen künstlicher Defekte mittels PBF-LB kann somit werkstoffunabhängig der Defekteinfluss auf das Ermüdungsverhalten bewertet werden. Dafür bietet sich z. B. die Fertigung von Proben mit einem Defekt $\sqrt{\text{area}} = 600$ µm sowohl in der Probenmitte als auch am Probenrand an. Auf diese Weise können auf Basis der in dieser Arbeit verwendeten Modelle nach Murakami und nach Shiozawa die defektgrößen- und positionsabhängigen Wöhler-Kurven mit geringem Probenaufwand erzeugt werden.

5.2 Einfluss des Stickstoffgehalts auf die mechanischen Eigenschaften des Stahls 316L

In diesem Abschnitt wird der Einfluss eines erhöhten Stickstoffgehalts auf die mikrostrukturellen und mechanischen, insbesondere die Ermüdungs- und Korrosionsermüdungseigenschaften, untersucht. Dafür wird der mittels PBF-LB verarbeitete Stahl X2CrNiMo17−12−2 (im Folgenden 316L) unverändert sowie mit einem erhöhten Stickstoffgehalt (im Folgenden 316L+N) charakterisiert. Im Fokus liegt dabei erneut auf dem defektdominierten Ermüdungsverhalten, wobei die in Abschnitt 5.1 verwendeten Modelle auch hier Anwendung finden. Inwieweit diese Modelle auch zur Beschreibung des Korrosionsermüdungsverhaltens geeignet sind, ist ebenfalls ausführlich zu diskutieren.

5.2.1 Mikrostruktur, quasistatische Eigenschaften und Defekte

Die Mikrostruktur der beiden untersuchten Werkstoffe 316L und 316L+N zeigt die für den PBF-LB Prozess typischen Charakteristika, Abbildung 5.25 a)-d). Ebenso wie beim Werkstoff 316LVM sind bei der Betrachtung des Gefüges die bereits in Abschnitt 2.1.2 beschriebenen typischen Schmelzbadspuren in Form von Schmelzbädern, Abbildung 5.25 a), c), und Laserscanspuren, Abbildung 5.25 b), d), erkennbar.

Zusätzlich dazu sind in den Aufnahmen senkrecht zur Baurichtung die kolumnaren, epitaktisch gewachsenen Körner erkennbar, da aufgrund des Aufschmelzens der Pulverschicht der darunter befindliche bereits erstarrte Werkstoff als Nukleationskeim dient [197]. Die bei der Betrachtung des Gefüges parallel zur Baurichtung entstandene schachbrettartige Struktur entsteht aufgrund der Rotation der Laserscanrichtung um 90° nach jeder gefertigten Schicht.

Auch die REM-Aufnahmen bei höherer Vergrößerung, Abbildung 5.26 a) und b), zeigen die prozessbedingte Subkornstruktur in Form zellförmiger und langgestreckter Mikroseigerungen, die sich entlang des lokalen Temperaturgradienten orientieren und sich dadurch unterschiedlich ausrichten können. Damit erklärt sich auch, dass in der Ansicht senkrecht zur Baurichtung sowohl die langgezogenen Strukturen in Baurichtung als auch dazu verkippte wabenförmige Strukturen in dieser Schliffebene vorliegen. Die Orientierung dieser Strukturen ist aufgrund des Zusammenhangs mit dem lokalen Temperaturgradienten somit auch direkt abhängig von den gewählten Prozessparametern [198].

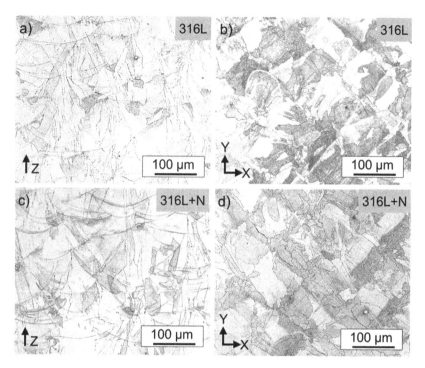

Abbildung 5.25 Lichtmikroskopische Aufnahmen der geätzten Mikrostruktur von 316L a), b) und 316L+N c), d). a) und c) senkrecht sowie b) und d) parallel zur Baurichtung; adaptiert nach [163]

Die EBSD-Untersuchungen zur Kornorientierung zeigen in den inversen Polfigur (IPF)-Mappings ebenfalls den bereits in den bisherigen Ergebnissen angedeuteten Zusammenhang zwischen Baurichtung und Kornorientierung, nämlich eine erkennbare bevorzugte Kornorientierung in Baurichtung, Abbildung 5.27. Auch ist erkennbar, dass die langgezogenen, kolumnaren Körner in Abbildung 5.27 a), c) sich über mehrere Schmelzbäder erstrecken. Zusätzlich dazu zeigt die Phasenanalyse mittels EBSD, dass ein vollständig austenitisches Gefüge vorliegt, was zusätzlich röntgendiffraktometrisch bestätigt werden konnte [163].

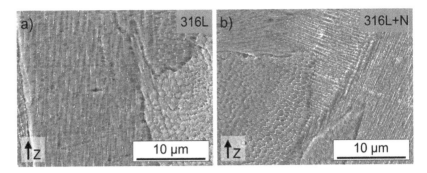

Abbildung 5.26 REM (SE) Aufnahmen der geätzten Mikrostruktur, die sowohl kolumnare als auch wabenförmige Subkornstrukturen zeigen; a) 316L und b) 316L+N; adaptiert nach [163]

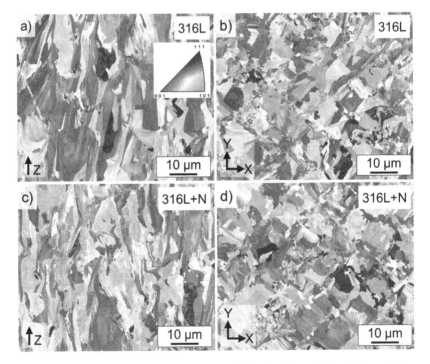

Abbildung 5.27 EBSD (IPF) Aufnahmen a) und c) senkrecht sowie b) und d) parallel zur Baurichtung der beiden untersuchten Werkstoffe 316L und 316L+N; adaptiert nach [163]

Die Textur des Gefüges ist im Vergleich zu Ergebnissen aus der Literatur nicht stark ausgeprägt, da die verwendete Scanstrategie und die Variation der Scanrichtung um 90° zu einer geringeren Ausbildung einer Textur führt [39,199]. Der in manchen Körnern erkennbare Orientierungsgradient in Form von leichten Farbvariationen wird von Godec et al. [200] mit der in diesen Bereichen hohen Versetzungsdichte korreliert, die durch das sukzessive Aufschmelzen und Abkühlen des Materials entsteht.

Auf Basis der mikrostrukturellen Aufnahmen kann kein Einfluss des erhöhten Stickstoffgehalts im 316L+N auf die Gefügeausbildung identifiziert werden. Dafür zeigt die Härtemessung einen Anstieg der Härte sowohl im Quer- als auch im Längsschliff von $\Delta HV = 21$ bzw. 26 HV10. Die Ergebnisse der Härtemessung sind in Tabelle 5.9 in Abhängigkeit der Prüfrichtung aufgelistet.

Tabelle 5.9 Ergebnisse der Makro-Härtemessung (HV10) am Werkstoff 316L und 316L+N	**Werkstoff**	**Härte HV10**	
		Querschliff (XY-Ebene)	Längsschliff (XZ/YZ-Ebene)
	316L	217 ± 7	218 ± 5
	316L+N	243 ± 5	239 ± 11

Die Ergebnisse zeigen keine bis sehr geringe Unterschiede in den Härtewerten in Abhängigkeit von der Prüfrichtung, insbesondere unter Berücksichtigung der ermittelten Streuung in Form der Standardabweichung. Während die Härte des 316L typischen Werten des PBF-LB AISI 316L entspricht [103], liegen für den 316L+N keine direkten Vergleichswerte vor. Der Stahl AISI 316LN besitzt nach [201] eine Mikrohärte von ca. 210 HV0,2 bzw. 170 HV5 [202], während ein von Valente et al. [160] mittels PBF-LB gefertigter AISI 316L mit 0,3 Gew.-% Stickstoff eine Härte von 267 HV0,1 aufweist. Die in diesen Arbeiten ermittelten höheren Härtewerte können sowohl dem höheren Stickstoffgehalt als auch der geringeren Prüfkraft zugeschrieben werden. Der Härteunterschied zwischen 316L und 316L+N kann vollständig dem erhöhten Stickstoffgehalt zugeschrieben werden, da andere herstellungsbedingte Faktoren oder Prozessparameter nicht verändert wurden.

Quasistatische Eigenschaften

Für die Untersuchung der quasistatischen mechanischen Eigenschaften wurden je Werkstoff fünf Proben am LWT (RUB) geprüft. Informationen zur Probengeometrie und dem Versuchsaufbau können [163] entnommen werden. Die Darstellung der Ergebnisse erfolgt ausschließlich, um einen besseren Zusammenhang zwischen quasistatischen und Ermüdungseigenschaften zu ermöglichen. Eine Übersicht über die Ergebnisse ist in Tabelle 5.10 aufgeführt.

Tabelle 5.10 Ergebnisse der Zugversuche an 316L und 316L+N [163]

Werkstoff	Dehngrenze $R_{p0,2}$ [MPa]	Zugfestigkeit R_m [MPa]	Bruchdehnung A [10^{-2}]
316L	490 ± 19	656 ± 16	48,2 ± 3,6
316L+N	569 ± 11	714 ± 16	42,4 ± 6,9

Die Ergebnisse zeigen, dass der 316L ähnliche Festigkeiten aufweist wie der 316LVM in dieser Arbeit, Abschnitt 5.1.1, und damit auch vergleichbar mit Literaturwerten ist [8,45]. Gleichzeitig ist erkennbar, dass der erhöhte Stickstoffgehalt zu einem Anstieg von $R_{p0,2}$ und R_m um 16 und 9 % führt, während die Bruchdehnung nur geringfügig um ca. 12 % abnimmt. Der Festigkeitsanstieg kann ähnlich dem Härteanstieg der MKV zugeschrieben werden [140] und ist vergleichbar zu der Steigerung der mechanischen Eigenschaften, die Boes et al. [159] am PBF-LB AISI 316L mit erhöhtem Stickstoffgehalt ermitteln konnten.

Defekte

Aufgrund der Probengröße bzw. des Probendurchmessers von d = 3 mm konnte eine vollständige Durchstrahlung bei gleichzeitig hoher Auflösung (Voxelgröße) von 6 μm erreicht werden. Das ausgewertete Probenvolumen entspricht ca. 42 mm³, sodass etwas mehr als die Hälfte der Prüflänge charakterisiert wurde (vgl. technische Zeichnung der Probengeometrie in Abbildung 3.4).

Die μCT-Ergebnisse zeigen eine werkstoffunabhängige Defektverteilung, die für die untersuchten Proben eine relative Dichte von 98,7 – 99,5 % ergeben. Die Auswertung der CT-Scans zur Defektdetektion in den beiden Werkstoffen 316L und 316L+N zeigt eine längliche Form der Defekte mit einer Orientierung senkrecht zur Baurichtung, Abbildung 5.28 a)-d).

Die Defekte verteilen sich gleichmäßig über das untersuchte Prüfvolumen. Die Form der Defekte weist auf LoF-Defekte hin, was auf nicht optimale Prozessparameter und einen zu geringen Energieeintrag des Lasers ins Pulver [203] hindeutet. Gasporen oder Keyhole-Defekte zeigen normalerweise eine deutlich kleinere und sphärischere Größe bzw. Form, die in den Proben nicht erkennbar ist [204]. Ein Ausgasen von Stickstoff in einer Menge, die zu dieser Porosität führen könnte, wurde ausgeschlossen, da der Stickstoffgehalt des mittels PBF-LB verarbeitetem 316L+N im Vergleich zum Pulver nur marginal von 0,161 auf 0,158 Gew.-% abnimmt [163]. Die Darstellung der Defekte in Abbildung 5.28 c) und d) geben bereits einen ersten

Eindruck auf die zu erwartenden Ergebnisse der fraktografischen Untersuchungen nach Ermüdung. Als besonders kritisch werden die Defekte angesehen, die eine besonders große projizierte Fläche senkrecht zur Belastungsrichtung aufweisen, was in diesem Fall genau der gezeigten 2D-Projektion der Defekte entspricht. Die sich daraus ergebenden Defektgrößen können den Ergebnissen der Defektauswertung entnommen werden und zeigen eine maximale Defektgröße von $\sqrt{area} = 456$ und 384 μm für die gezeigten Proben des 316L und 316L+N.

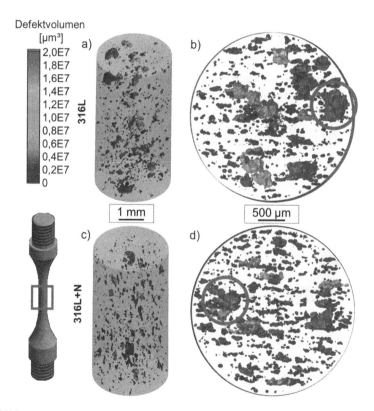

Abbildung 5.28 Ergebnisse der μCT-Untersuchungen des Werkstoffs 316L a), b) und 316L+N c), d). Die in b) und d) hervorgehobenen Defekte weisen eine Größe von $\sqrt{area} =$ 456 und 384 μm auf; adaptiert nach [163]

Mögliche Gründe für die unzureichende Dichte der Proben wurden bereits in Abschnitt 3.2 angesprochen. Wahrscheinlich ist, dass die Scanrichtung des Lasers beim Hatching dazu führt, dass Schweißspritzer begünstigt durch das einströmende Schutzgas auf unaufgeschmolzenem Pulver landen. Zusätzlich können so im schlimmsten Fall Prozessnebenprodukte wie Kondensat oder ausgestoßenes Pulver in den Strahlengang gelangen und eine Defokussierung und damit einhergehende Reduzierung der effektiven Laserleistung in der Pulverschicht bewirken [205]. Entscheidend ist hier insbesondere die Scanrichtung bezogen auf die Richtung des einströmenden Schutzgases. Verläuft diese entgegen den Gasstrom, kann es zu vermehrter Agglomeration von Pulver- und Schweißspritzern kommen.

Zur besseren Bewertung der Porenform sind in Abbildung 5.29 a) und b) die Auswertung von Defektgröße und -form auf Basis der Defektgröße √area und Sphärizität S gem. Gl. 4.1 der in Abbildung 5.28 gezeigten Proben dargestellt. Auf diese Weise kann bestätigt werden, dass ein Großteil der Poren eine Sphärizität S ≤ 0,7 besitzt und somit hauptsächlich LoF-Defekte in den Proben vorliegen [203,204]. Generell zeigen die Daten beider Diagramme keine großen Unterschiede, sodass auf Basis der μCT-Ergebnisse bestätigt werden kann, dass der erhöhte Stickstoffgehalt im 316L+N keinen Einfluss auf die Defektverteilung und Porosität nach dem PBF-LB Prozess ausübt, sondern die Ausbildung von LoF maßgeblich durch die verwendeten Prozessparameter verursacht bzw. begünstigt werden.

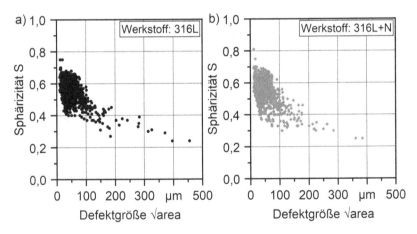

Abbildung 5.29 Zusammenhang zwischen Defektgröße √area und Sphärizität S für den Werkstoff a) 316L und b) 316L+N

5.2.2 Ermüdungsverhalten der Stähle 316L und 316L+N an Luft bei mehrstufiger und konstanter zyklischer Belastung

Zu einer schnellen und effizienten Abschätzung der Ermüdungsfestigkeit sowie Bewertung des Ermüdungsverhaltens wurde für jeden der beiden Werkstoffe 316L und 316L+N ein MSV durchgeführt. Die Ergebnisse der beiden Versuche sind in Abbildung 5.30 dargestellt. Sowohl Oberspannung σ_{max} als auch die auf der Auswertung der Spannungs-Dehnungs-Hysterese basierenden Werkstoffreaktionsgrößen $\varepsilon_{a,t}$ und $\varepsilon_{a,p}$ sind in Abhängigkeit von σ_{max} über die Lastspielzahl N aufgetragen.

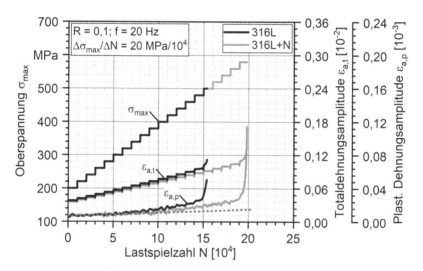

Abbildung 5.30 Mehrstufenversuche von 316L und 316L+N; Ergebnisse aus [163]

Während die 316L eine erste Werkstoffreaktion in Form eines nicht-linearen Anstiegs von $\varepsilon_{a,p}$ bereits bei σ_{max} = 360 MPa zeigt, ist dieser für den 316L+N erst bei einer höheren Spannung von σ_{max} = 420 MPa erkennbar. Ein Versagen der Probe findet ebenfalls erst bei höheren Spannungen, nämlich bei σ_{max} = 580 MPa im Vergleich zu σ_{max} = 500 MPa für den 316L, statt. Die höheren ermittelten Spannungen im MSV entsprechen gleichzeitig einem vergleichbaren prozentualen Anstieg der Härte und der Dehngrenze, Abschnitt 5.2.1.

Ein exponentieller Anstieg von $\varepsilon_{a,t}$ kann erst in der letzten Stufe bei beiden Werkstoffen beobachtet werden, der durch die Kombination aus zyklischer Entfestigung und Ermüdungsrisswachstum erfolgt.

Auf Grundlage der Ergebnisse der MSV wurde der Bereich für die Oberspannungen der Ermüdungsversuche bei konstanter Spannung an Luft auf σ_{max} = 240–520 MPa festgelegt. Der Durchläufer des 316L+N wurde zusätzlich bei σ_{max} = 560 MPa geprüft. Die Ergebnisse der Ermüdungsversuche werden in einem klassischen Wöhler-Diagramm (σ_{max}-N_B) verglichen und mithilfe der Basquin-Gleichung, Gl. 2.5, in Abbildung 5.31 beschrieben, wobei die hochgesetzte Probe des 316L+N bei σ_{max} = 560 MPa nicht für den Fit berücksichtigt wurde, siehe dazu folgendes Abschnitt 5.2.3.

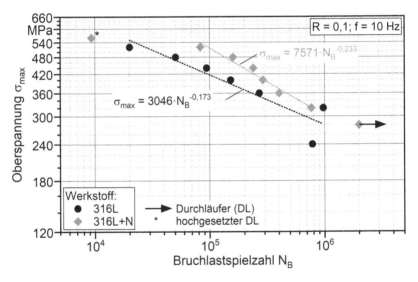

Abbildung 5.31 Wöhler-Diagramm des 316L und 316L+N an Luft; Ergebnisse teilweise aus [163]

Die Ergebnisse der Ermüdungsversuche an Luft lassen auf ein verbessertes Ermüdungsverhalten des 316L+N schließen, da insbesondere bei höheren Oberspannungen größere Bruchlastspielzahlen erreicht wurden. Die Basquin-Kurven deuten außerdem darauf hin, dass bei niedrigeren Oberspannungen im Bereich σ_{max} = 300–320 MPa der positive Einfluss des Stickstoffs auf das Ermüdungsverhalten nur noch geringfügig bis gar nicht mehr vorhanden ist. Dies kann damit erklärt werden, dass sich die höhere Dehngrenze des 316L+N positiv auf das Ermüdungsverhalten oder das Risswachstumsverhalten auswirkt [206], während dieser Effekt im Übergang vom HCF- in den VHCF-Bereich aufgrund des generell größeren Anteils der Rissinitiierung an der Lebensdauer vernachlässigbar wird. Die in Tabelle 5.11 aufgeführten Werte für σ'_f und b nach Basquin ermöglichen auch einen Vergleich der Ergebnisse mit anderen Untersuchungen. In der Literatur finden sich für konventionell hergestellten AISI 316L ein Exponent von $\sigma'_f = 5750$ MPa und $b = -0,212$ bei $R = 0,1$ [207], die erkennbar von den Ergebnissen des 316L in dieser Arbeit abweichen, während sie sehr ähnlich zu den ermittelten Parametern des 316L+N sind. Spierings et al. [88] ermittelten eine Ermüdungsfestigkeit von 255 MPa ($N_G = 10^7$, $R = 0,1$) und eine Spannung von $\sigma_{max} \approx 320$ MPa bei $N_B = 10^6$, die vergleichbar bzw. geringfügig höher ist als für beide hier untersuchten Werkstoffe. Im Gegensatz dazu ermittelten Wang et al. [208] eine Ermüdungsfestigkeit von lediglich 200 MPa ($N_G = 10^6$, $R = 0,1$). PBF-LB Proben aus AISI 316L mit as-built Oberfläche wurden von Solberg et al. [79] untersucht und die sehr geringe Ermüdungsfestigkeit von 163 MPa ($N_G = 2 \cdot 10^6$, $R = 0,1$) konnte auf die schlechte Oberflächenqualität zurückgeführt werden. Allerdings wurde eine sehr ähnliche Steigung der Wöhler-Kurve von $b = -0,155$ beobachtet. An einem konventionellen AISI 316LN wurden Ermüdungsversuche von Strizak et al. [209] durchgeführt, wobei eine Ermüdungsfestigkeit von $\sigma_{max} \approx 378$ MPa ($R = 0,1$, horizontaler Verlauf der Datenpunkte bei ca. 10^6 Lastwechseln) bestimmt wurde. Im Vergleich dazu ermittelte Tian [210] eine Ermüdungsfestigkeit von $\sigma_{max} \approx 334$ MPa ($N_G = 10^7$, $R = 0,1$). Die etwas schlechteren Ergebnisse des 316L und 316L+N können, auch in Verbindung mit den µCT-Ergebnissen, voraussichtlich auf die vorhandenen und rissinitiierenden Defekte zurückgeführt werden, die eine Reduzierung der Ermüdungsfestigkeit bewirken.

Tabelle 5.11 Basquin-Parameter der Ermüdungsversuche der Werkstoffe 316L und 316L+N an Luft

Werkstoff	σ'_f [MPa]	b [-]	Ermüdungsfestigkeit ($N_G = 10^6$) [MPa]	R^2
316L	3046	−0,173	280	0,851
316L+N	7571	−0,233	302	0,964

Wie bereits in Abschnitt 2.2.2 beschrieben, wird das Ermüdungsverhalten von PBF-LB Werkstoffen maßgeblich von der Anwesenheit von Defekten sowie deren Größe und Position bestimmt. Deshalb muss bei Betrachtung der Ergebnisse in Abbildung 5.31 berücksichtigt werden, dass die Bruchlastspielzahl zu sehr großem Anteil von der Größe und Position der bruchauslösenden Defekte beeinflusst wird. Aus diesem Grund ist auch eine Beschreibung der Ergebnisse mittels Basquin-Gleichung nicht vorteilhaft, da das reine Werkstoffverhalten von der Streuung der Ergebnisse bedingt durch unterschiedliche Defektgrößen nicht unterschieden werden kann. Wie auch schon in Abschnitt 5.1 aufgezeigt, führen vorhandene Defekte zu individuellen defektgrößenabhängigen Wöhler-Kurven, die bei dem Vorhandensein von gleich oder ähnlich großen Defekten auch sehr gut mittels Basquin-Gleichung beschrieben werden können. Auf Basis der μ-CT Ergebnisse (Abschnitt 5.2.1) konnte bereits gezeigt werden, dass die größten Defekte in den Proben aus 316L und 316L+N eine gewisse Streuung in ihrer Größe aufweisen können, wodurch es konsequenterweise zu einer Verzerrung oder Fehlbewertung des Ermüdungsverhaltens kommt. Der fraktografischen Untersuchung zur Bestimmung und Charakterisierung der bruchauslösenden Defekte kommt in der additiven Fertigung und bei der Bewertung des Einflusses des erhöhten Stickstoffgehalts auf die Ermüdungseigenschaften somit eine wichtige Rolle zu.

5.2.3   Korrosionsermüdungsverhalten der Stähle 316L und 316L+N

Die Ergebnisse der unter Korrosionsbedingungen in der Korrosionszelle mit 3,5%iger NaCl-Lösung durchgeführten Ermüdungsversuche sind in Abbildung 5.32 aufgeführt. Um einen besseren Vergleich mit den Ergebnissen an Luft zu ermöglichen, sind diese ebenfalls dargestellt. Für beide Werkstoffe 316L und 316L+N ist ein deutlicher Abfall der Datenpunkte im Korrosionsmedium zu erkennen. Die für die Korrosionsermüdungsversuche ausgewählten Spannungen lagen im Bereich σ_{max} = 180–340 MPa, wobei für den 316L+N ein Durchläufer bei σ_{max} = 200 MPa erzielt wurde, während der 316L auch bei σ_{max} = 180 MPa noch versagt ist. Trotz der hohen Streuung der Ergebnisse wurden die Ergebnisse mittels Basquin-Gleichung beschrieben, wodurch die noch einmal deutlich höhere Steigung b des Fits den Einfluss der überlagerten Korrosion zusätzlich verdeutlicht, Tabelle 5.12.

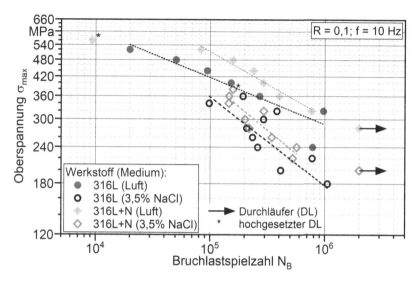

Abbildung 5.32 Wöhler-Diagramm des 316L und 316L+N an Luft und in 3,5%iger NaCl-Lösung; Ergebnisse teilweise aus [163]

Der überlagerte Korrosionsangriff führt zu einem Abknicken der Wöhler-Kurven, wobei der genaue Knickpunkt der Daten aufgrund der erreichten Bruchlastspielzahlen nicht festgestellt werden kann. Auf Basis von N_B kann jedoch abgeschätzt werden, dass nach 2,8 Stunden Einwirkzeit des Korrosionsmediums mit überlagerter zyklischer Belastung bereits eine deutliche Reduzierung der Bruchlastspielzahl eintritt. Ähnliche Ergebnisse zeigten sich an einer Schweißnaht aus AISI 316N, die von Poonguzhali et al. [211] in einer Lösung aus 5 mol/l NaCl + 0,15 mol/l Na_2SO_4 + 2,5 ml/l HCl unter Ermüdung (R = 0,5; f = 0,1 Hz) geprüft wurde. Ab N $\approx 10^5$ (Zeit t ≈ 278 h) konnte eine erhebliche Reduzierung der Bruchlastspielzahl festgestellt werden. Palin-Luc et al. [212] untersuchten das VHCF-Ermüdungsversuche bei f = 20 kHz und R = −1 des martensitisch-bainitischen Stahls R5. Die Versuche wurden sowohl an Luft als auch in synthetischem Meerwasser und an vorkorrodierten Proben durchgeführt. Während die Ergebnisse an Luft und nach Vorkorrosion einen sehr ähnlichen Verlauf einnahmen, begannen die Ergebnisse im synthetischen Seewasser bereits ab N $\approx 10^7$ (Zeit t ≈ 8 min) signifikant abzuknicken, was auf eine sehr schnell ablaufende Wechselwirkung zwischen Korrosionsmedium und Probenoberfläche und eine verkürzte Rissinitiierungsphase schließen lässt.

Tabelle 5.12 Ergebnisse
des Basquin-Fits für die
Korrosionsermüdungsversu-
che des 316L und
316L+N

Werkstoff	σ'_f [MPa]	b [-]	R^2
316L	12003	−0,305	0,738
316L+N	16474	−0,323	0,823

Ergebnisse zu Korrosionsermüdungsversuchen an PBF-LB AISI 316L liegen nur in sehr geringem Umfang vor. Die in Abschnitt 2.4.3 bereits
beschriebenen Ergebnisse der Korrosionsermüdungsversuche von Gnanasekran
et al. [133] (R = 0,1; f = 20 Hz) von PBF-LB AISI 316L und konventionellem AISI 316L in 3,5%iger NaCl-Lösung zeigen, dass bei σ_{max} = 500 MPa die
Bruchlastspielzahl im Vergleich zu Versuchen an Luft um den Faktor 5 reduziert
wird. Allerdings reduzierte sich die Ermüdungsfestigkeit (N_G = 10^7) lediglich
von 475 MPa auf 450 MPa. Versuche an konventionellem AISI 316L zeigten
eine Reduzierung der Ermüdungsfestigkeit von über 30 %, was auf ein besseres
Korrosionsermüdungsverhalten des PBF-LB Stahls schließen lässt. Vorkorrodierte
Proben aus PBF-LB AISI 316L wurden von Merot et al. [132] untersucht, um den
Einfluss der Lochkorrosion auf das Ermüdungsverhalten zu bewerten. Die durch
anodische Polarisation erzeugten Pittings wirkten sich vergleichbar negativ wie
künstlich eingebrachte Defekte auf die Ermüdungsfestigkeit aus, wodurch diese
im Vergleich zu polierten Proben um teilweise mehr als 50 % reduziert wurde.
Der Effekt war stärker, je größer sich die Pittings aufgrund der Vorkorrosion
gebildet hatten. Aufgrund der hohen Streuung in der Größe der bruchauslösenden
Defekte konnte auch eine hohe Streuung in N_B beobachtet werden.

Eine differenzierte Bewertung des Einflusses des erhöhten Stickstoffgehalts im
316L+N auf das Korrosionsermüdungsverhalten ist im Vergleich zu den Ergebnissen an Luft auf Basis des Korrosions-Wöhler-Diagramms (Abbildung 5.32) somit
als noch komplizierter einzustufen. So muss nicht nur der Einfluss der bruchauslösenden Defekte, sondern gleichzeitig auch der Einfluss der überlagerten Korrosion
berücksichtigt und, wenn möglich, beide Einflussfaktoren separiert werden. Wie
bereits in Abschnitt 5.2.2 erläutert wurde, sollte eine Aussage zum Korrosionsermüdungsverhalten frühestens nach den fraktografischen Untersuchungen und
unter Berücksichtigung der Defektgröße erfolgen.

Die Verläufe des freien Korrosionspotenzials U_F, das mithilfe des 3-
Elektroden-Versuchsaufbaus gemessen wurde, zeigt in Abbildung 5.33 charakteristische Verläufe beider untersuchter Werkstoffe bei σ_{max} = 260 und 340 MPa,

wodurch erste Erkenntnisse über die ablaufenden Korrosionsvorgänge und - mechanismen während der Korrosionsermüdung der beiden Werkstoffe 316L und 316L+N gewonnen werden können.

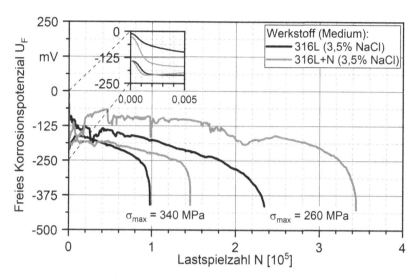

Abbildung 5.33 Lastspielzahlabhängiger Verlauf des freien Korrosionspotenzials U_F im Korrosionsermüdungsversuch bei $\sigma_{max} = 260$ und 340 MPa des 316L und 316L+N

In den ersten 20 bis 100 Zyklen des Versuchs findet eine starke Absenkung von U_F statt (vergrößerter Ausschnitt in Abbildung 5.33), auf die entweder ein kontinuierlich abfallender Verlauf oder eine kurze Zeit von konstantem bis leicht ansteigenden Werten von U_F in Abhängigkeit von σ_{max} und dem untersuchten Werkstoff folgt. Diese Absenkung von U_F hin zu unedleren Potenzialen wird primär auf das Aufbrechen der vorhandenen Passivschicht zurückgeführt. Dies geschieht sowohl aufgrund der Zugmittelspannung, die zu Versuchsbeginn aufgebracht wird, als auch möglicherweise aufgrund der in den ersten Zyklen entstehenden Extrusionen auf der Probenoberfläche. Auf diese Weise wird die für einen Korrosionsangriff zur Verfügung stehende Oberfläche vergrößert [213]. Für korrosionsbeständige Stähle im Medium bei Zug(-schwell)belastung ist dieser Verlauf von U_F bereits bekannt [214]. Der insbesondere bei der Probe 316L+N ($\sigma_{max} = 260$ MPa) folgende Anstieg von U_F steht in Verbindung mit einer Repassivierung der Oberfläche, wodurch der Korrosionsangriff verhindert oder zumindest eingeschränkt wird [214,215]. Die Repassivierung scheint beim

316L+N bei σ_{max} = 260 MPa weniger stark behindert zu werden als bei den anderen gezeigten Verläufen. Die Möglichkeit zur Repassivierung wird, neben der Legierungszusammensetzung, sowohl vom Spannungsverhältnis und der Prüffrequenz als auch von der Höhe der Belastung beeinflusst. Bereiche mit lokal hoher Spannung zeigen nach Nazarov et al. [213] geringere Potenziale aufgrund der Beschädigung der Oxidschicht, die dadurch als Lokalanode wirken und bevorzugt korrosiv angegriffen werden. Gleichzeitig spielt auch der erhöhte Stickstoffgehalt eine wichtige Rolle, der die passivierenden Eigenschaften des Stahls und den Widerstand gegenüber der Spannungsrisskorrosion positiv beeinflusst [134]. Die erkennbaren Schwankungen und Einbrüche von U_F aufgrund des lokalen Aufbrechens der Passivschicht liegen laut Literatur im Bereich von ΔU_F = 21–70 mV [215], wobei für den Stahl AISI 304 unter plastischer Verformung auch Werte im Bereich von ΔU_F = 150–200 mV gemessen wurden [213]. Einbrüche von U_F können auch mit einer schlechteren Schutzwirkung der Passivschicht innerhalb von Poren und Defekten erklärt werden. Hemmasian et al. [123] beschreiben mehrere Ausreißer während der potentiodynamischen Polarisation, die ein Anzeichen für metastabile Lochkorrosion sind. Erklärt wird dieses Verhalten mit einer in der Pore vorhandenen Passivschicht, die aufgrund von Instabilität keinen ausreichenden Korrosionsschutz bietet. Diese Effekte nehmen mit steigender Porosität des untersuchten Werkstoffs zu [127]. El May et al. [216] korrelieren in ihren Untersuchungen den Abfall und anschließenden langsamen Anstieg des Korrosionspotenzials, wie es für den Verlauf des 316L+N (σ_{max} = 260 MPa) erkennbar ist, ebenfalls mit dem lokalen Aufbrechen der Passivschicht aufgrund von Extrusionen und damit verbundener lokaler Metallauflösung und Entstehung von Pittings.

Der anschließende kontinuierlich abfallende Verlauf von U_F, der den größten Bereich der Bruchlastspielzahl bei jeder Probe einnimmt, kann sowohl auf den fortschreitenden Korrosionsangriff als auch auf das damit in Verbindung stehende Risswachstum und die Freilegung neuer Oberflächen in Form der Rissflanken zurückgeführt werden [169].

5.2.4 Fraktografische Untersuchung nach Ermüdung an Luft

Alle Proben der Ermüdungsversuche an Luft wurden fraktografisch mittels REM untersucht, um sowohl Informationen über den Rissursprungsort und die Defektgröße als auch über mögliche Mechanismen zur Rissinitiierung zu gewinnen. In

Abbildung 5.34 a) und c) werden zwei charakteristische Bruchflächen der Werkstoffe 316L und 316L+N mit vergleichbarer Bruchlastspielzahl ($N_B = 2{,}7{\cdot}10^5$ und $2{,}4{\cdot}10^5$) gezeigt.

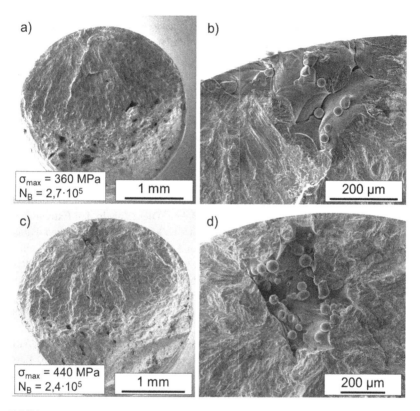

Abbildung 5.34 REM-Aufnahmen der Bruchflächen von a) 316L mit b) LoF-Defekt an der Oberfläche; c) 316L+N mit d) LoF-Defekt in Kontakt mit der Oberfläche [163]

Abbildung 5.34 b) und d) zeigen jeweils einen vergrößerten Ausschnitt, in dem der Rissursprungsort in Form des bruchauslösenden Defekts dargestellt ist. Die Defekte weisen eine Größe von $\sqrt{\text{area}} = 284$ (316L) und 391 µm (316L+N) auf, wodurch bereits erste Unterschiede basierend auf dem Stickstoffgehalt festgestellt werden können. Die gezeigte Probe aus 316L+N wurde bei einer höheren Spannung geprüft und besitzt den größeren bruchauslösenden Defekt, weist aber dennoch eine höhere Bruchlastspielzahl auf als die bei niedrigerer Spannung geprüfte Probe des 316L. Diese Ergebnisse decken sich mit der höheren Härte, Dehngrenze und Zugfestigkeit sowie der im MSV ermittelten höheren Spannung, bei der eine erste Werkstoffreaktion eintritt.

Während der Defekt des 316L in Abbildung 5.34 b) eine unregelmäßig Form aufweist, ist in Abbildung 5.34 d) eine flache Kante erkennbar, die sich so auch schon in den Ergebnissen der µCT-Auswertung (vgl. Abbildung 5.28 b) und d)) gezeigt hat, wodurch die Fertigungsrichtung, senkrecht zu dieser Kante, nachträglich auf der Bruchfläche identifiziert werden kann. Zusätzlich beinhalten beide Defekte un- bzw. angeschmolzene Pulverpartikel, die auf eine unzureichende Energieeinkopplung des Lasers ins Pulver schließen lassen, womit die Defekte eindeutig als Anbindungsfehler (LoF) identifiziert werden können.

Bei genauerer Betrachtung der Bruchflächen im REM zeigen sich unterschiedliche charakteristische Bereiche (Abbildung 5.35 a) - d)), die Rückschlüsse auf Besonderheiten in den Versagensmechanismen erlauben. Abbildung 5.35 a) entspricht einer Vergrößerung der unteren Kante des Defekts aus Abbildung 5.34 d). Auf dieser ist sehr gut erkennbar, dass auf der Defektoberfläche Extrusionen aufgrund der zyklischen Belastung entstehen. Diese ähneln den Extrusionen, die bereits auf der Probenoberfläche der 316LVM Proben in manchen Fällen bruchauslösend waren, Abbildung 5.10 a), und impliziert, dass der Defekt selbst nicht unbedingt als Anfangsriss interpretiert werden sollte, sondern auch die Rissinitiierung ausgehend von diesem Defekt berücksichtigt werden muss. Der von den Extrusionen ausgehende Mikroriss zeigt Sprünge des Risspfads (rote Pfeile), die in annähernd rechtem Winkel von einer Extrusion zur nächsten übergehen, was auf die Aktivierung eines sekundären Gleitsystems hindeutet [217].

In den Untersuchungen von Man et al. [218] an einem konventionellen AISI 316L bei konstanter $\varepsilon_{a,p}$ von $2 \cdot 10^{-3}$ % zeigte der Stahl bereits nach 20–50 Lastspielen die Ausbildung von Extrusionen, deren Höhe im Verlauf der zyklischen Belastung zunimmt. Die an der in Abbildung 5.35 a) gezeigten Probe gemessene $\varepsilon_{a,p}$ bei $0,5 \cdot N_B$ liegt zwar deutlich unterhalb der von Man et al. aufgebrachten Belastung, hier $\varepsilon_{a,p} \approx 0,012 \cdot 10^{-3}$ %, es ist aber davon auszugehen, dass im Umfeld um den Defekt aufgrund der Spannungskonzentration deutlich höhere lokale plastische Dehnungen auftreten, die die Bildung von Extrusionen und damit verbundene Mikrorisse begünstigen.

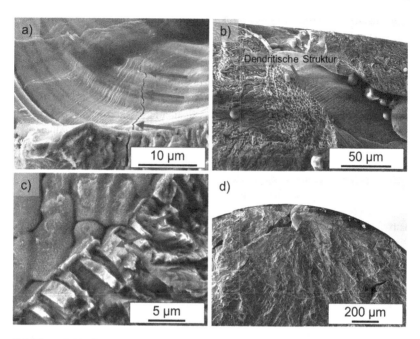

Abbildung 5.35 Besonderheiten auf den Bruchflächen: a) Risspfad auf der Defektoberfläche entlang und senkrecht (rote Pfeile) zu entstandenen Extrusionen (316L+N); b) dendritische Zellstruktur in einem Schweißspritzer in einem bruchauslösenden Defekt (316L); c)
rechtwinklige, facettenartige Struktur in Defektnähe (316L); d) Rastlinie des Durchläufers
bei $\sigma_{max} = 280$ MPa (316L+N, hochgesetzt auf $\sigma_{max} = 560$ MPa)

Abbildung 5.35 b) zeigt die gerichtete dendritische Erstarrung an der inneren
Oberfläche eines bruchauslösenden Defekts des 316L. Zhang et al. [95] fanden
ähnliche dendritische Zellen im PBF-LB AISI 316L und schlossen auf einen
intergranularen Riss. Im Vergleich zu den dendritischen Zellen von Zhang et al.
sind die an dieser Probe vorhandenen Zellen deutlich gröber, was auf das Vorhandensein eines Schweißspritzers schließen lässt (vgl. Abbildung 2.4 b). Durch
die unvollständige Verschmelzung mit dem umliegenden Bereich kann zusätzlich
zu dem LoF ein rissähnlicher Spalt an der Kante des Schweißspritzers entstanden
sein, der sich ebenfalls negativ auf das Ermüdungsverhalten auswirkt. Aus diesem
Grund wurde dieser Bereich bei der Vermessung der Defektgröße mitvermessen.
Defektnah finden sich häufig auch feinste, strukturierte Bereiche mit facet-
tenartiger rechtwinkliger Morphologie, Abbildung 5.35 c), die eine gewisse

Ähnlichkeit und Größe zur mikrostrukturellen Subkornstruktur aufweisen [171]. Zhang et al. [219] sehen darin einen Zusammenhang zwischen der säulen-, bzw. stängelartigen Zellstruktur und dem lokalen Risspfad, der diese trans(sub-) granularen Versagensart hervorruft und zu einer Beeinflussung der zur Rissinitiierung notwendigen Lastspielzahl und zur Streuung in der Bruchlastspielzahl führt. Chambreuil-Paret et al. [220] fanden ähnliche Anzeichen auf der Bruchfläche eines einkristallinen AISI 316L nach Spannungsrisskorrosionsversuchen in $MgCl_2$ und konnten diese kristallinen Flächen den $\{110\}$ Ebenen zuordnen. Der Riss erfolgt in diesen Fällen aufgrund von Dekohäsion von Ebenen mit niedrigen Indizes. Durch die Kornorientierung in diesem Bereich scheint der Riss lokal diese Versagensart zu bevorzugen.

Eine weitere Besonderheit zeigt sich auf der Bruchfläche des Durchläufers des 316L+N bei $\sigma_{max} = 560$ MPa, Abbildung 5.35 d). Um den Defekt ist eine halbkreisförmige Kante erkennbar, die mit einer Rastlinie gleichgesetzt werden kann. Die Rastlinie konnte aufgrund des Risswachstums bei $\sigma_{max} = 280$ MPa und anschließendem Stillstand zwischen Versuchsende und erneuter Prüfung bei $\sigma_{max} = 560$ MPa entstehen. Es kann davon ausgegangen werden, dass die Probe nach mehr als $2 \cdot 10^6$ Lastspielen bei $\sigma_{max} = 280$ MPa versagt wäre, da der Ermüdungsriss bereits vergleichsweise weit fortgeschritten war. Der erkennbare Riss resultiert in einer Größe von $\sqrt{area} = 2449$ µm, weshalb der Datenpunkt bei $\sigma_{max} = 560$ MPa für den Basquin-Fit in Abbildung 5.31 nicht berücksichtigt wurde.

Die schon in Abschnitt 5.2.2 angesprochene Bedeutung der Fraktografie zeigt sich auch in Abbildung 5.35 a), in der die Defektgrößen in Abhängigkeit des Werkstoffs und σ_{max} dargestellt sind. Hier zeigt sich, dass bei vier von sechs Spannungen, bei denen für beide Werkstoffe Ergebnisse vorliegen, der 316L+N kleinere bruchauslösende Defekte aufweist als der 316L. Bei $\sigma_{max} = 240$ MPa wurde lediglich der 316L geprüft, da bei $\sigma_{max} = 280$ MPa für den 316L+N bereits ein Durchläufer erzielt wurde. Für den Durchläufer des 316L+N konnte die Defektgröße in Abbildung 5.35 d) nachträglich ermittelt werden. Allgemein führten Defekte mit einer Größe von $\sqrt{area} = 134$ bis 475 µm bei den Ermüdungsversuchen an Luft zu einem Versagen der Proben. Die Defektgrößen sind vergleichbar mit den Ergebnissen aus anderen Untersuchungen [79,84,91,103,178], in denen sowohl Keyhole- als auch LoF-Defekte bruchauslösend waren, während in dieser Arbeit ausschließlich LoF-Defekte vorlagen. Dies liegt vornehmlich daran, dass Keyhole-Defekte generell kleiner sind als LoF-Defekte [53] (Abbildung 5.36).

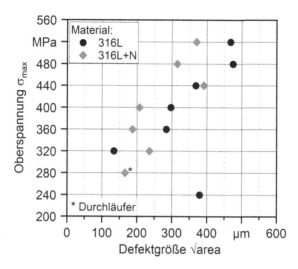

Abbildung 5.36 Vergleich der Defektgrößen in 316L und 316L+N in Abhängigkeit der Oberspannung σ_{max} nach Ermüdung an Luft; Ergebnisse teilweise aus [163]

5.2.5 Fraktografische Untersuchung nach Korrosionsermüdung

Auf Basis der fraktografischen Analyse konnte festgestellt werden, dass in jedem Fall, analog zu den Versuchen an Luft, LoF-Defekte bruchauslösend waren. In Abbildung 5.37 a) und c) sind Übersichtsaufnahmen der Bruchflächen des 316L+N und 316L sowie die dazugehörigen bruchauslösenden Defekte in vergrößerter Darstellung, Abbildung 5.37 b) und d), dargestellt. Auffällig ist, dass der in Abbildung 5.37 d) gezeigte Defekt keinen Kontakt zur Oberfläche aufweist. Ein Großteil der Defekte entspricht in ihrer Lage allerdings dem in Abbildung 5.37 b) gezeigten Defekt mit direktem Kontakt zur Oberfläche. Da der in Abbildung 5.37 d) gezeigte Defekt aufgrund seiner Position nicht von Versuchsbeginn an in direktem Kontakt mit dem Korrosionsmedium stand, weist der dazugehörige Datenpunkt in Abbildung 5.32 bei $\sigma_{max} = 320$ MPa eine deutlich höhere Bruchlastspielzahl als die umliegenden Datenpunkte des gleichen Werkstoffs bei $\sigma_{max} = 340$ MPa und 300 MPa auf. Auch der bei gleicher Spannung geprüfte Werkstoff 316L+N weist aus diesem Grund eine im Vergleich geringere Bruchlastspielzahl auf, da diese Probe einen deutlich größeren Defekt von $\sqrt{area} = 363$ μm besitzt, während der bruchauslösende Defekt des 316L eine Größe von $\sqrt{area} = 294$ μm aufweist. Zusätzlich wurde diese Probe bei einer höheren Spannung von $\sigma_{max} = 340$ MPa geprüft.

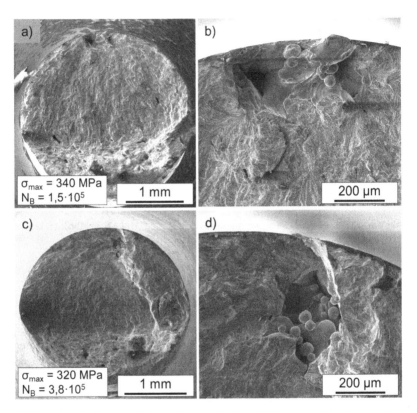

Abbildung 5.37 Fraktografische Aufnahmen der Bruchflächen nach Korrosionsermüdung für a) 316L+N mit b) bruchauslösendem Defekt an der Oberfläche; c) 316L mit d) bruchauslösendem Defekt ohne Kontakt zur Oberfläche

Von den untersuchten Proben zeigte eine weitere Probe (316L, $\sigma_{max} = 220$ MPa) zusammen mit der Probe bei $\sigma_{max} = 320$ MPa eine relativ hohe Bruchlastspielzahl, die gleichzeitig mit einem charakteristischen Verlauf des freien Korrosionspotenzials U_F einhergeht, Abbildung 5.38. Beide Verläufe zeigen einen hervorgehobenen spontanen Einbruch von U_F, der mit einem Abfall von $\Delta U_F = 200$–380 mV einhergeht. Die Ergebnisse deuten darauf hin, dass diese Einbrüche direkt im Zusammenhang mit einem Kontakt von Korrosionsmedium im Defektinneren stehen, also der Ermüdungsriss ausgehend vom Defekt bis an die Probenoberfläche gewachsen ist und das Medium anschließend in den Defekt eindringen kann. Dieser Effekt führt in Verbindung mit einer aufgrund der Belastung und der entstandenen Extrusionen aufgebrochenen inneren Passivschicht zu dem in Abbildung 5.38 beobachtbaren Korrosionsverhalten. Aufgrund des in der Pore vorliegenden Stickstoffs aus dem PBF-LB Prozess ist zusätzlich eine Repassivierung aufgrund des fehlenden Luftsauerstoffs nicht möglich. Bei allen anderen Messungen von U_F zeigte sich dieser abrupte Abfall nicht, sodass bei den übrigen Proben davon ausgegangen werden kann, dass die bruchauslösenden Defekte von Versuchsbeginn an in Kontakt mit dem Korrosionsmedium standen.

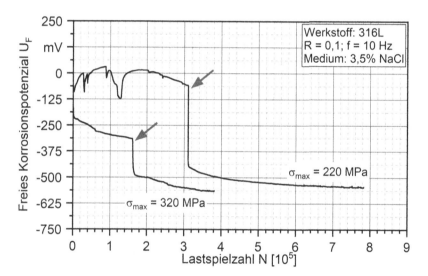

Abbildung 5.38 Verlauf des freien Korrosionspotenzials der beiden Proben des 316L mit bruchauslösendem Defekt ohne direkten Kontakt zur Oberfläche

Bei der Betrachtung der Bruchflächen ist auffällig, dass keine Anzeichen von korrosiver Schädigung erkennbar sind, was auf die Bildung einer Passivschicht auf der Bruchfläche zurückgeführt werden kann. Dies zeigte sich auch in einem Anstieg von U_F nach einem Versagen der Probe, der auf eine stattfindende Passivierung schließen lässt, die ohne die überlagerte mechanische Belastung wieder ungehindert abläuft. Des Weiteren findet sich auf der Bruchfläche eine

u. a. von Andreau et al. [171] beschriebene, unregelmäßige Morphologie, Abbildung 5.39 a). Auch hier verläuft der Riss, begünstigt durch eine mögliche Schwächung der Korngrenzen aufgrund des im Medium gelösten Sauerstoffs und/ oder der Cl-Ionen, primär interkristallin [171,221]. Der Risspfad, roter Pfeil in Abbildung 5.39 a), weist die dafür typische facettenartige Struktur auf, die sowohl in Verbindung mit der Kornstruktur als auch mit der damit verknüpften Sub-kornstruktur in Form der säulen- bzw. stängelartigen Morphologie steht. Kong et al. [125] beschreiben einen stärkeren korrosiven Angriff im Korrosionsmedium $FeCl_3$ an den Schmelzbadrändern von PBF-LB AISI 316L, der mit der in diesem Bereich wirkenden Grenzflächenspannung begründet wird und einen vergleichbaren Risspfad begünstigt. Lou et al. [119] beobachteten einen Wechsel von inter- zu transkristallinem Risswachstum unter Spannungsrisskorrosion in Heißwasser im lösungsgeglühten AISI 316L, das kurz darauf wieder einen inter-kristallinen Verlauf annahm. Abgesehen von dem in Abbildung 5.39 a) gezeigten defektnahen interkristallinen Risspfad einer 316L+N Probe verläuft dieser auf der restlichen Bruchfläche primär transkristallin unter Ausbildung eines fächerartigen Musters [222,223], das direkt oberhalb des interkristallinen Risses erkennbar ist.

In Abbildung 5.39 b) ist die Probenoberfläche des bruchauslösenden Defekts in Abbildung 5.39 a) gezeigt. Erkennbar sind Sekundärrisse (rote Pfeile), die von lokalen Kerben des Defekts ausgehen. Abbildung 5.39 c) und d) zeigen die Oberfläche einer 316L Probe, wobei die Ermüdungsbelastung vertikal auf-gebracht wurde. In Abbildung 5.39 c) sind erste Anzeichen für Lochkorrosion (rote Pfeile) auf der Oberfläche erkennbar. Ähnliche, aber größere Pittings zeig-ten sich auch bei der anodischen Polarisation von DED AISI 304L in 0,6 M NaCl-Lösung [224]. Zusätzlich verlaufen Ex- und Intrusionen von links-oben nach rechts-unten, die mit dem in Abbildung 5.33 gezeigten Verlauf von U_F in Zusammenhang stehen und bestätigen, dass die steigende Korrosionsaktivität aufgrund der erhöhten Oberflächenrauheit durch die Entstehung von persistenten Gleitbändern und Extrusionen erfolgt. Abbildung 5.39 d) zeigt ebenfalls einen Sekundärriss ausgehend von einem Pitting. Ähnliche Sekundäranrisse fanden sich auch bei der Korrosionsermüdung von konventionellem AISI 316L [131] in einer NaCl-haltigen Phosphat-Citrat-Pufferlösung.

Die Größe der bruchauslösenden Defekte weicht nicht von denen der Ermü-dungsversuche an Luft ab. Für beide untersuchten Werkstoffe konnten Defekte mit einer Größe von $\sqrt{area} = 89\text{–}498$ μm auf den Bruchflächen nach der Kor-rosionsermüdung identifiziert werden. Der direkte Vergleich der Defektgröße ist in Abbildung 5.40 dargestellt. Der kleinste Defekt ($\sqrt{area} = 89$ μm in 316L+N bei $\sigma_{max} = 200$ MPa) führte bei dieser Spannung zu einem Durchläufer, sodass der Defekt nach erneuter Prüfung bei 380 MPa (hier nur einmal abgebildet) vermessen werden konnte.

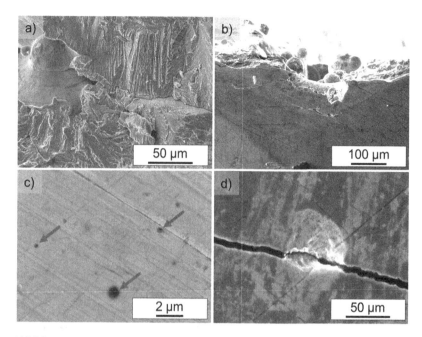

Abbildung 5.39 Besonderheiten der Bruchflächen und Probenoberfläche nach Korrosions-ermüdung: a) interkristalliner Risspfad (roter Pfeil) (316L+N); b) Sekundärrisse (rote Pfeile) an der Oberfläche des 316L+N (gleicher Defekt wie in a); c) Anzeichen von Lochkorrosion auf der Probenoberfläche des 316L; d) Sekundärriss an der Oberfläche einer Probe aus 316L ausgehend von einem Pitting

Im Gegensatz zum Durchläufer des 316L+N an Luft, vgl. Abbildung 5.35 d), konnte an dieser Probe keine Rastlinie oder ähnliche Anzeichen für ein bereits erfolgtes Risswachstum auf der Bruchfläche identifiziert werden, sodass ange-nommen werden kann, dass auch bei überlagerter Korrosion bei $\sigma_{max} = 200$ MPa noch keine vom bruchauslösenden Defekt ausgehende Rissinitiierung und damit verbunden auch kein Risswachstum stattgefunden hat.

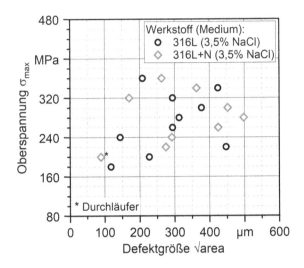

Abbildung 5.40 Vergleich der Größe der bruchauslösenden Defekte $\sqrt{\text{area}}$ in 316L und 316L+N in Abhängigkeit der Oberspannung σ_{max} nach Korrosionsermüdung

5.2.6   Korrelation von Fraktografie und μCT-Ergebnissen

Durch die fraktografischen Untersuchungen konnte für jede Probe der bruchauslösende Defekte erfolgreich identifiziert werden. Gleichzeitig lagen vor den Ermüdungsversuchen bereits Informationen über Position und Größe von Defekten vor, da ausgewählte Proben mittels μCT analysiert wurden. Es liegt also nahe, dass die in der Fraktografie vorgefundenen Defekte bereits bei der Defektanalyse charakterisiert wurden. Abbildung 5.41 a-d) zeigt die mittels Fraktografie im REM und mithilfe der μCT-Scans korrelierten bruchauslösenden Defekten. Dabei zeigt sich für den Defekt in Abbildung 5.41 a), dass dieser sowohl in seiner Form als auch in seiner Lage sehr gut mit dem μCT-Defekt in Abbildung 5.41 b) übereinstimmt. Die ermittelte Größe weicht allerdings um 20 % von der Defektgröße, die auf Basis der REM-Aufnahme ermittelt wurde, ab. Als Grund kann hier die Lage des Defekts angesehen werden. Die Detektion von Defekten im Kontakt mit der Oberfläche führt entweder dazu, dass ein dünner randnaher Bereich des Defekts noch als Oberfläche der Probe, oder, dass der Defekt aufgrund seiner Lage als Probenoberfläche definiert wird. Dies ist auch an der in Abbildung 5.41 b) eingezeichneten Probenoberfläche erkennbar. Dadurch kommt es entweder zu einer Unterschätzung der Defektgröße oder der entsprechende Defekt kann gar nicht erst detektiert werden, da er theoretisch außerhalb der eigentlichen Proben liegt.

Im Vergleich dazu ist es auch möglich, dass die Defektgröße auf Basis der projizierten Defektfläche in manchen Fällen mittels µCT über- oder mittels REM-Aufnahmen unterschätzt wird. Der gezeigte Defekt in Abbildung 5.41 c) und d) entstammt der bereits in Abbildung 5.28 a), b) gezeigten Probe. Die REM- und µCT-Defekte zeigen zwar an der rechten und oberen Defektseite eine sehr große Ähnlichkeit, dafür scheint aber der Defekt an der linken Kante in der REM-Aufnahme deutlich kleiner zu sein. In der µCT-Aufnahme ist allerdings grob zu erkennen, dass der Defekt in der Tiefe größer ist als in der Ebene der Bruchfläche, wodurch auch eine größere projizierte Defektfläche mittels µCT bestimmt werden kann. Der Rest des Defekts in diesem Bereich liegt somit unterhalb der Bruchfläche und wird durch diese verdeckt.

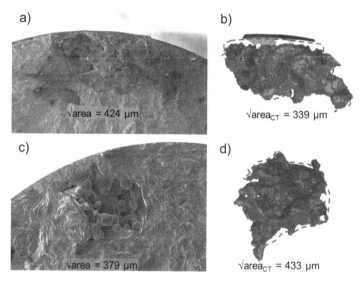

Abbildung 5.41 Vergleich von bruchauslösendem Defekt vermessen auf Basis von a), c) REM-Aufnahmen und b), d) µCT-Scans

Stern et al. [103] konnten bereits zeigen, dass auf Basis der µCT-Scans die bruchauslösenden Defekte identifiziert werden können. Dies ermöglichte über das Modell nach Murakami eine Abschätzung der Ermüdungsfestigkeit auf Basis des größten mittels µCT gefundenen Defekts. Dadurch konnte eine sehr gute

Übereinstimmung der μCT-Ergebnisse mit den tatsächlichen Ergebnissen der Ermüdungsversuche erzielt werden. Ähnliche Korrelationen erfolgten auch schon von Andreau et al. [91]. Esposito et al. [225] nutzten die Ergebnisse von CT-Messungen, um auf Basis von FEM-Berechnungen das durch vorliegende Defekte beeinflusste quasistatische Verhalten zu modellieren.

Da eine direkte Korrelation jedes bruchauslösenden Defekts mit den μCT-Messungen mit einem sehr hohen zeitlichen Aufwand versehen ist und nicht jede einzelne Probe mittels μCT untersucht wurde, wurde auf eine vollumfängliche Auswertung verzichtet. Da außerdem ein Großteil der 316L und 316L+N Proben aufgrund von Oberflächendefekten versagt ist, kann davon ausgegangen werden, dass sich diese Korrelation vornehmlich für ein Versagen von inneren Defekten anbietet, da auf diese Weise die Defektgrößen deutlich genauer bestimmt werden können.

5.2.7 Modellbasierte Beschreibung des Ermüdungsverhaltens an Luft und in korrosivem Medium

Bereits in Abschnitt 5.1 konnte gezeigt werden, dass die Streuung bei Ermüdungsversuchen an PBF-LB Werkstoffen aufgrund unterschiedlicher Defektgrößen sehr hoch sein kann. Als Erweiterung des klassischen Wöhler-Diagramms bieten sich deshalb die in Abschnitt 5.1.7 und 5.1.8 verwendeten Modelle zur Beschreibung des Ermüdungsverhaltens an Luft an, um sowohl die zyklisch aufgebrachte Belastung als auch die Größe und Position des bruchauslösenden Defekts berücksichtigen zu können. Anders ist eine Bewertung des Einflusses des Stickstoffgehalts auf die Ermüdungseigenschaften kaum möglich, da die Ergebnisse der Fraktografie (vgl. Abbildung 5.36) auch die Schlussfolgerung zulassen, dass das in Abbildung 5.31 erkennbare bessere Ermüdungsverhalten des 316L+N maßgeblich durch die im direkten Vergleich mit dem 316L vorhandenen kleineren, bruchauslösenden Defekte vorgetäuscht wird. Inwieweit oder ob eine Beschreibung des Korrosionsermüdungsverhaltens mit diesen Modellen nach Murakami und Shiozawa möglich ist, muss in den folgenden Abschnitten erst festgestellt werden, da dem Autor der vorliegenden Arbeit keine Literatur bekannt ist, in der die Modelle für die untersuchten Werkstoffe unter Korrosionsermüdung verwendet wurden.

Modell nach Murakami

Das Modell nach Murakami benötigt für ein Spannungsverhältnis von $R = 0,1$ eine Erweiterung in Form von Gl. 5.4, wodurch die aufgebrachte Mittelspannung berücksichtigt werden kann [101].

$$\sigma_{w0,1} = Y_2 \frac{(HV + 120)}{\left(\sqrt{area}\right)^{1/6}} \cdot \left[\frac{1-R}{2}\right]^{\alpha} \qquad \text{(Gl. 5.4)}$$

Für den Vorfaktor Y_2 wurden aufgrund des ausschließlichen Vorhandenseins von LoF-Defekten an oder direkt unter der Oberfläche entsprechend die Vorfaktoren 1,43 und 1,41 verwendet [82]. Der Exponent α ist laut Murakami [101] abhängig von der Härte des untersuchten Werkstoffs und definiert als $\alpha = 0,226 + HV \cdot 10^{-4}$. Theoretisch entspricht die berechnete Ermüdungsfestigkeit $\sigma_{w0,1}$ der Spannungsamplitude und nicht der Oberspannung. Zur Berechnung des Verhältnisses von Versuchsspannung zu berechneter Ermüdungsfestigkeit wird dennoch die Oberspannung ($\sigma_{max}/\sigma_{w0,1}$) verwendet, da dadurch für die Versuche an Luft ausschließlich Werte $\sigma_{max}/\sigma_{w0,1} \geq 1,0$ berechnet werden, während bei der Verwendung von σ_a als Vergleichsgröße Werte $< 1,0$ entstanden, die der Annahme des Modells widersprechen, dass unterhalb dieses Werts kein Versagen auftritt. Dies konnte durch das Einsetzen σ_{max} an Stelle von σ_a umgangen werden.

Abbildung 5.42 zeigt das $\sigma_{max}/\sigma_{w0,1}$-$N_B$ Diagramm (Murakami-Diagramm) für die Ermüdungsversuche des 316L und 316L+N an Luft und in 3,5%iger NaCl-Lösung. Es ist deutlich erkennbar, dass durch die im Modell berücksichtigte Defektgröße in $\sigma_{w0,1}$ und im Versuch aufgebrachte zyklische Belastung eine deutlich bessere Vergleichbarkeit der Ergebnisse möglich wird. Auf diese Weise ist nur noch ein geringer Unterschied in der Steigung der beiden resultierenden Geraden an Luft erkennbar und der mittels linearer Regression ermittelte Korrelationskoeffizient kann für den Werkstoff 316L auf $R^2 = 0,955$ (316L) gesteigert werden, während er für den 316L+N im Vergleich zum Basquin-Fit geringfügig auf 0,899 (316L+N) sinkt.

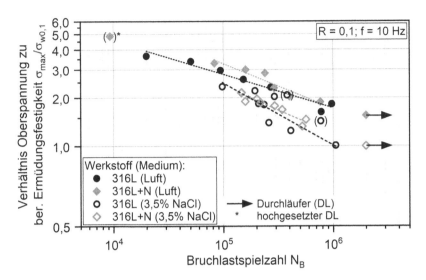

Abbildung 5.42 Murakami-Diagramm von 316L und 316L+N an Luft und in 3,5%iger NaCl-Lösung

Die Darstellung der Ergebnisse der Ermüdungsversuche an Luft zeigt, dass die Unterschiede, die sich im klassischen Wöhler-Diagramm gezeigt haben, sowohl auf die Streuung der bruchauslösenden Defektgröße als auch auf die höhere Härte des 316L+N zurückgeführt werden können. Der in Abbildung 5.35 d) gezeigte Anriss der Probe des 316L+N bei $\sigma_{max} = 560\,MPa$ wurde für den Fit nicht berücksichtigt, da das Modell nach Murakami theoretisch nur für Riss- bzw. Defektgrößen bis $\sqrt{area}$ $\approx 1000\,\mu m$ gültig ist [101] und der Anriss mit $\sqrt{area} = 2449\,mm$, Abbildung 5.35 d), deutlich darüber liegt. Trotzdem ordnet sich der Datenpunkt relativ gut in die anderen Ergebnisse ein. Der Durchläufer des 316L+N bildet in dieser Versuchsserie die untere Grenze bei einer Grenzlastspielzahl von $N_G = 2 \cdot 10^6$ ab. Die Annahme des Modells, dass bei $\sigma_{max}/\sigma_{w0,1} \leq 1,0$ kein Versagen mehr eintritt, konnte weder bestätigt noch widerlegt werden, da für beide Werkstoffe kein Versagen bei $\sigma_{max}/\sigma_{w0,1} < 1,0$ zu beobachten war. Dies kann auch auf die für die vorliegenden Versuche geltende Grenzlastspielzahl von $N_G = 2 \cdot 10^6$ zurückgeführt werden, da die berechnete Ermüdungsfestigkeit $\sigma_{w0,1}$ ursprünglich für $N_G = 10^7$ definiert wurde [101].

Für die Ergebnisse der Korrosionsermüdungsversuche kann ebenfalls eine bessere Vergleichbarkeit hergestellt werden, wobei insbesondere der 316L+N nur noch eine sehr geringe Streuung zeigt. Die in Abbildung 5.42 in Klammern gesetzten Datenpunkte des 316L im Korrosionsmedium entsprechen den in Abbildung 5.38 gezeigten Proben bei $\sigma_{max} = 220$ und 320 MPa und wurden für den Fit der Datenpunkte nicht berücksichtigt. Aufgrund des gezeigten Einflusses des Risswachstums vom Defekt bis zur Oberfläche muss davon ausgegangen werden, dass aufgrund der Überlagerung des nacheinander ablaufenden Risswachstums im Inneren gefolgt von Risswachstum mit überlagerter Korrosionsbelastung die Ergebnisse nicht direkt mit den anderen Versuchen vergleichbar sind. Die beiden Fits der Daten der Korrosionsermüdungsversuche zeigen außerdem, dass eine Reduzierung der Ermüdungsfestigkeit aufgrund der überlagerten Korrosion festgestellt werden kann, die für den Werkstoff 316L ein Abknicken erkennen lässt. Das Abknicken konnte bereits auf Basis der Wöhler-Kurven, Abbildung 5.32, beobachtet werden. Da in Abbildung 5.42 die Versuchsdaten um den Einfluss der Defektgröße bereinigt wurden, kann das Abknicken der Kurve primär der Korrosionsermüdung zugeschrieben werden. Für den 316L+N bestätigt sich dieser Verlauf nicht, da es eher zu einer Parallelverschiebung der Murakami-Geraden an Luft gekommen ist.

Das Modell nach Murakami wurde bereits vielfach dazu verwendet, das defektbehaftete Ermüdungsverhalten von PBF-LB AISI 316L zu interpretieren, u. a. von Andreau et al. [91], Blinn et al. [82,84], Solberg et al. [79] und Stern et al. [53,103]. Dabei konnte in den meisten Fällen sehr gut gezeigt werden, dass sich die Anisotropie aufgrund von unterschiedlichen Baurichtungen, der Einfluss unterschiedlicher Wärmebehandlungszustände oder der Einfluss der as-built Oberfläche auf die Ermüdungseigenschaften durch Anwendung des Modells besser beschreiben lassen als mittels klassischer Wöhler-Kurven, da der zusätzliche Einfluss von Defektgröße und -position sowie Werkstoffzustand auf das Ermüdungsverhalten berücksichtigt werden kann. Ebenfalls zeigen die Ergebnisse in Abschnitt 5.1.7, dass das Modell dazu in der Lage ist, den Einfluss der Defektgröße und Position einzubeziehen. Die resultierenden Diagramme können somit in einer um diesen Einfluss bereinigten Form interpretiert und diskutiert werden. In Bezug auf die Korrosionsversuche erfolgte eine Anwendung des Modells bisher lediglich zur Beschreibung des Einflusses von Pittings an vorkorrodierten Proben aus PBF-LB AISI 316L auf das Ermüdungsverhalten. Merot et al. [132] verglichen dafür mittels anodischer Polarisation erzeugte Pittings mit prozess-induzierten und künstlich mittels Funkenerodieren eingebrachten Defekten.

Da bereits gezeigt werden konnte, dass die Härte in Abhängigkeit des Stickstoffgehalts in vergleichbarer Weise ansteigt wie die Dehngrenze und die erste Werkstoffreaktion im MSV, eignet sie sich sehr gut als in das Modell einfließender Werkstoffparameter zur Beschreibung des Ermüdungsverhaltens. Die Ähnlichkeit der Verläufe der Daten in Abbildung 5.42 lässt außerdem die Schlussfolgerung zu, dass maßgeblich durch die höhere Härte und die damit verbundenen weiteren Verbesserungen in den mechanischen Eigenschaften ein besseres Ermüdungsverhalten an Luft durch den erhöhten Stickstoffgehalt im 316L+N erreicht wird. Die unterschiedlichen Steigungen, die zu einer Annäherung der beiden Kurven bei $N \approx 8 \cdot 10^5$ führen, deuten auf einen geringeren Einfluss des erhöhten Stickstoffgehalts auf das Ermüdungsverhalten im VHCF-Bereich hin.

Für die Korrosionsermüdungsversuche ergibt sich ein ähnliches Bild, sodass mithilfe des Modells nach Murakami auch das Korrosionsermüdungsverhalten beschrieben werden kann, auch wenn in diesem Fall $\sigma_{w0,1}$ als Referenzwert ohne überlagerte Korrosion verwendet wird und nicht der abgeschätzten Korrosionsermüdungsfestigkeit entspricht. Die Ergebnisse deuten außerdem an, dass der erhöhte Stickstoffgehalt möglicherweise bei höheren Lastspielzahlen das Korrosionsermüdungsverhalten deutlich stärker positiv beeinflusst. Dies wird ausführlicher in Abschnitt 5.2.8 diskutiert.

Ebenso wie in Abschnitt 5.1.7 ist eine Berechnung der Bruchlastspielzahl nach Murakami $N_{B,Mura}$ durch Bestimmung der werkstoffabhängigen Parameter C_M und m_M auf Basis der Ergebnisse in Abbildung 5.42 möglich. Dafür wird Gl. 5.1 aufgrund des abweichenden Spannungsverhältnisses angepasst, sodass das Verhältnis $\sigma_{max}/\sigma_{w0,1}$ verwendet werden kann, Gl. 5.5.

$$N_{B,Mura} = C_M \cdot \left(\sigma_{max}/\sigma_{w0,1}\right)^{m_M} \qquad \text{(Gl. 5.5)}$$

Die für die beiden Werkstoffe 316L und 316L+N an Luft und im Korrosionsmedium ermittelten Werte für C_M und m_M können folgender Tabelle 5.13 entnommen werden. Die auf diese Weise für jeden bruchauslösenden Defekt bzw. für das experimentell ermittelte Verhältnis von $\sigma_{max}/\sigma_{w0,1}$ berechnete Bruchlastspielzahl $N_{B,Mura}$ kann so berechnet und mit den experimentellen Daten, Abbildung 5.43, verglichen werden.

Tabelle 5.13 Parameter C_M und m_M zur Beschreibung der Geraden im $\sigma_{max}/\sigma_{w0,1}$-$N_B$-Diagramm für die Werkstoffe 316L und 316L+N

Werkstoff (Medium)	C_M	m_M	R^2
316L (Luft)	$1{,}10 \cdot 10^7$	$-4{,}55$	0,955
316L (3,5 % NaCl)	$7{,}78 \cdot 10^6$	$-2{,}03$	0,789
316L+N (Luft)	$4{,}83 \cdot 10^6$	$-3{,}19$	0,899
316L+N (3,5 % NaCl)	$1{,}47 \cdot 10^6$	$-3{,}05$	0,913

Am Bestimmtheitsmaß ist bereits erkennbar, dass eine zufriedenstellende Anpassung der Versuchsdaten an Gl. 5.5 durchgeführt werden konnte. Zwar zeigt sich für den Werkstoff 316L im Korrosionsmedium eine etwas schlechtere Korrelation, aber für die anderen untersuchten Werkstoffe bzw. Umgebungsbedingungen konnte ein sehr hohes Bestimmtheitsmaß von $R^2 \geq 0,9$ erreicht werden.

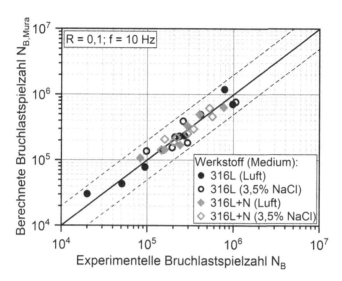

Abbildung 5.43 Vergleich der experimentellen mit der modellbasierten Bruchlastspielzahl von 316L und 316L+N

Die eingezeichneten Grenzen in Abbildung 5.43 entsprechen erneut einem Faktor 2, sodass ersichtlich wird, dass eine sehr gute Übereinstimmung von N_B und $N_{B,Mura}$ über diesen Ansatz für beide Werkstoffe sowie zur Abschätzung der Bruchlastspielzahl an Luft und in 3,5%iger NaCl-Lösung gegeben ist. Eine systematische (nicht-)konservative Abschätzung der Bruchlastspielzahl konnte nicht festgestellt werden. Für das Ermüdungsverhalten des 316L in Abhängigkeit des Stickstoffgehalts gilt somit, dass diese über das Modell nach Murakami und die sich daran anschließende modellbasierte Abschätzung der Bruchlastspielzahl erfolgreich über den damit verbundenen Härteanstieg beschrieben werden kann. Gleiches gilt auch für die Berücksichtigung des Korrosionsmediums. Murakami et al. [175] stellen sogar die Hypothese auf, dass bereits durch die Prüfung von lediglich zwei Proben, z. B. bei relativ niedriger und relativ hoher Spannung, über die Erstellung eines vergleichbaren Murakami-Diagramms wie in Abbildung 5.42 das Ermüdungsverhalten zur Abschätzung eines klassischen Wöhler-Diagramms ausreicht. Dafür werden zusätzlich nur die jeweilige Größe des bruchauslösenden Defekts und die

Härte des Werkstoffes benötigt. Es muss jedoch angemerkt werden, dass aufgrund der erzielten Versuchsergebnisse eine Abschätzung der Bruchlastspielzahl nur für einen Bereich von ca. $5 \cdot 10^4 \leq NB < 2 \cdot 10^6$ verwendet werden sollte. Um auch Aussagen über das Korrosionsermüdungsverhalten mit $NG > 2 \cdot 10^6$ tätigen zu können, sind weitere Untersuchungen notwendig.

Da in $\sigma_{w0,1}$ gem. Gl. 5.4 die Defektgröße und in Gl. 5.5 die Spannung im Versuch σ_{max} enthalten ist, kann ebenfalls mithilfe der Parameter C_M und m_M für jede Defektgröße und Oberspannung die Bruchlastspielzahl $N_{B,Mura}$ an Luft und im Korrosionsmedium berechnet werden. Das Ergebnis dieser defektgrößenabhängigen Wöhler-Kurven ist für 316L an Luft und in 3,5%iger NaCl-Lösung in Abbildung 5.44 dargestellt.

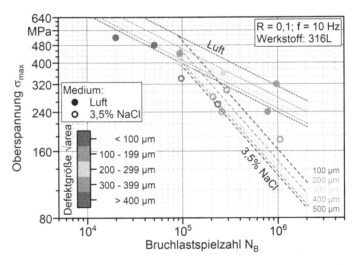

Abbildung 5.44 Modellbasierte defektgrößenabhängige Wöhler-Kurven von 316L an Luft und in 3,5%iger NaCl-Lösung, Modell nach Murakami

Im direkten Vergleich mit den für das Modell verwendeten Versuchsdaten zeigt sich auch auf diese Weise eine zufriedenstellende Ähnlichkeit zwischen Modell und Experiment. Die zu Anfang in Abschnitt 5.2.2 aufgestellte Basquin-Geraden des 316L für die Ermüdungsversuche an Luft kann jetzt als eine Art gemittelte Gerade auf Basis der defektgrößenbasierten Lebensdauerkurven interpretiert werden, wodurch somit auch die Unterschiede im Ermüdungsfestigkeitsexponenten erklärt werden können. Bei Betrachtung der Steigung der berechneten Kurven ergibt sich ein Ermüdungsfestigkeitsexponent von $b = -0,220$, der nun eine deutlich bessere Übereinstimmung mit dem Literaturwert von $b = -0,212$ [207] aufweist. Die defektgrößenabhängigen Wöhler-Kurven im Korrosionsmedium zeigen den bereits beschriebenen Verlauf in Form eines Abknickens bei $N \approx 9 \cdot 10^4$ ($t \approx 2,5$ h) für den Werkstoff 316L, was zu einer Steigung von $b = -0,492$ führt. Ab dieser Lastspielzahl kann davon ausgegangen werden, dass die Korrosionsvorgänge einen deutlichen Einfluss auf die Bruchlastspielzahl ausüben. Ähnliche Ergebnisse an konventionellem AISI 316L finden sich in den Untersuchungen von Weldon et al. [226]. Die ermittelten Wöhler-Kurven an Luft und in Ringerlösung zeigen ein Abknicken bei $N \approx 7 \cdot 10^4$ ($R = 0,1$; $f = 120$ Hz)

Ein ähnliches Bild ergibt sich für den 316L+N in Abbildung 5.45, bei dem die defektgrößenabhängigen Wöhler-Kurven im Vergleich zum 316L eine etwas höhere Steigung aufweisen, wodurch sich ein modellbasierter Ermüdungsfestigkeitsexponent an Luft von $b = -0,313$ ergibt. Die unterschiedliche Steigung der Kurven für 316L und 316L+N an Luft führt zu einer Überschneidung der Defektgrößenabhängigen Lebensdauerkurven, die bei $N \approx 1,5 \cdot 10^6$ bei direktem Vergleich zweier Kurven auf Basis einer identischen Defektgröße liegt. Für zukünftige Untersuchungen empfiehlt es sich deshalb, Ermüdungs- und Korrosionsermüdungsversuche bis $N_G = 10^7$ durchzuführen, um die unterschiedlichen Steigungen der Werkstoffe 316L und 316L+N im Wöhler-Diagramm zu bestätigen oder das Modell bzw. die Parameter weiter zu optimieren. Die höhere Steigung der defektgrößenabhängigen Wöhler-Kurven des 316L+N spricht aber für ein besseres LCF-Verhalten. Ein ähnlicher positiver Effekt bis zu einem Stickstoffgehalt von 0,12 Gew.-% in konventionellem AISI 316L wurde auch bereits von Hänninen et al. beschrieben [146] und kann laut Antunes et al. [206] in Verbindung mit einer langsameren Risswachstumsgeschwindigkeit aufgrund der höheren Dehngrenze stehen.

Die defektgrößenabhängigen Wöhler-Kurven des 316L+N im Korrosionsmedium zeigen eine sehr gute Übereinstimmung mit den Versuchsdaten und außerdem, dass die Steigung fast identisch zu den Versuchen an Luft ist ($b = -0,328$), wodurch es zu keiner Überschneidung der Kurven im gezeigten Bereich kommt. Insbesondere im Vergleich zu den Ergebnissen des 316L kann festgestellt werden, dass die Wöhler-Kurve unter Korrosion für den 316L + N deutlich weniger stark abnimmt als für den 316L. Für den 316L+N kann allerdings nicht ermittelt werden, ob oder wann die Kurven im Korrosionsmedium in den Verlauf der Kurven an Luft übergehen oder ob ein zusätzliches Abknicken der Kurve bei höheren N_B stattfindet.

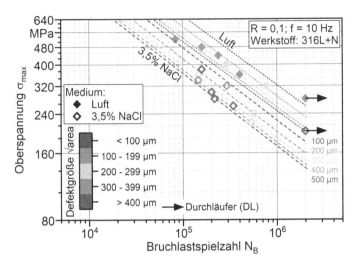

Abbildung 5.45 Modellbasierte defektgrößenabhängige Wöhler-Kurven von 316L+N an Luft und in 3,5%iger NaCl-Lösung, Modell nach Murakami

Modell nach Shiozawa

Das zweite in dieser Arbeit in Abschnitt 5.1.8 bereits erfolgreich validierte Modell nach Shiozawa kann für die vorliegenden Ergebnisse von 316L und 316L+N ebenfalls angewendet werden. Aufgrund des Spannungsverhältnisses von R = 0,1 wird in Gl. 2.11 $\Delta\sigma$ durch σ_{max} ersetzt, um ΔK_{max} zu berechnen, Gl. 5.6.

$$\Delta K_{max} = Y_1 \cdot \sigma_{max} \cdot \sqrt{\pi \sqrt{area}} \qquad \text{(Gl. 5.6)}$$

Die Darstellung von ΔK_{max} gegen $N_B/\sqrt{area}$ in Abbildung 5.46 zeigt, besonders im direkten Vergleich mit dem Modell nach Murakami, Abbildung 5.42, einen größeren Unterschied in der Steigung der sich ergebenden Shiozawa-Kurven und somit einen ähnlichen Trend wie im klassischen Wöhler-Diagramm, Abbildung 5.31.

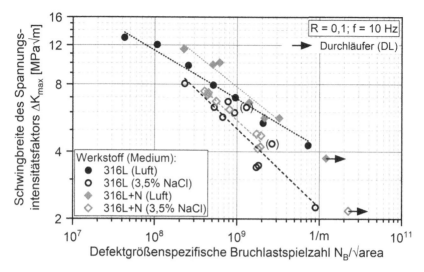

Abbildung 5.46 Shiozawa-Diagramm zur Ermittlung der Parameter C_S und m_S für die Ermüdungsversuche an Luft und in 3,5%iger NaCl-Lösung von 316L und 316L+N

Während im oberen Bereich von $\Delta K_{max} = 10\text{–}16$ MPa$\sqrt{m}$ eine deutliche Unterscheidung von 316L und 316L+N an Luft erkennbar ist, nähern sich die beiden Verläufe ab ca. $\Delta K_{max} = 8$ MPa$\sqrt{m}$ einander an, sodass eine Unterscheidung der Werkstoffe fast nicht mehr gegeben ist. Der hochgesetzte Durchläufer des 316L+N weist aufgrund seines Anrisses einen Wert von $\Delta K_{max} = 44{,}2$ MPa$\sqrt{m}$ auf und wurde deshalb auch nicht für das Modell nach Shiozawa berücksichtigt, da davon ausgegangen werden kann, dass bei diesem SIF kein linear-elastisches Werkstoffverhalten mehr vorliegt. Die Durchläufer des 316L+N an Luft und im Medium sowie die beiden Proben des 316L unter Korrosion, deren bruchauslösende Defekte keinen direkten Kontakt zum Korrosionsmedium aufwiesen, sind der Vollständigkeit halber abgebildet, wurden aber ebenfalls nicht für das Modell berücksichtigt.

Die Shiozawa-Kurven der beiden Werkstoffe unter Korrosionsermüdung zeigen einen annähernd parallelen Verlauf, wobei der 316L+N in 3,5%iger NaCl-Lösung zusätzlich eine sehr ähnliche Steigung zur Shiozawa-Kurve des 316L+N an Luft aufweist. Das Modell nach Shiozawa scheint damit den Ersteindruck nach Betrachtung des Wöhler-Diagramms in Abbildung 5.31 ebenfalls zu bestätigen, nämlich, dass bei niedrigen σ_{max} bzw. ΔK der erhöhte Stickstoffgehalt im 316L+N nur noch einen geringen Einfluss auf das Ermüdungsverhalten ausübt. Zusätzlich zeigen alle Fits ein sehr gutes Bestimmtheitsmaß von $R^2 \geq 0{,}88$. Untersuchungen zum Risswachstumsverhalten von AISI 316L an Luft und in Ringerlösung von Toribio et al. [227] verwendeten für das Paris-Gesetz zur Abschätzung des (Korrosions-) Ermüdungsverhaltens Vorfaktoren von $C_P = 3{,}61 \cdot 10^{-14}$ (Luft) und $8{,}47 \cdot 10^{-11}$ (Ringerlösung) sowie Exponenten von $m_P = 4{,}47$ (Luft) und 2,23 (Ringerlösung). Diese Werte zeigen eine sehr gute Übereinstimmung mit den auf Basis des Modells nach Shiozawa bestimmten Parametern sowie eine erwartungsgemäße Beschleunigung des Risswachstumsverhaltens im Korrosionsmedium (Tabelle 5.14).

Tabelle 5.14 Parameter C_S und m_S für das defektbasierte Modell nach Shiozawa

Werkstoff (Medium)	C_S	m_S	R^2
316L (Luft)	$1{,}08 \cdot 10^{-13}$	4,60	0,973
316L (3,5 % NaCl)	$2{,}40 \cdot 10^{-11}$	2,84	0,883
316L+N (Luft)	$1{,}22 \cdot 10^{-12}$	3,43	0,939
316L+N (3,5 % NaCl)	$2{,}96 \cdot 10^{-11}$	2,96	0,971

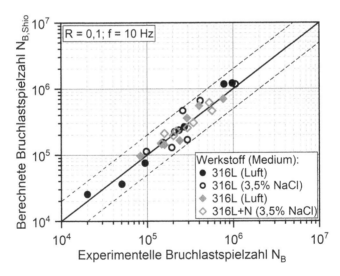

Abbildung 5.47 Vergleich von experimenteller und berechneter Bruchlastspielzahl auf Basis des Modells nach Shiozawa von 316L und 316L+N an Luft und in 3,5%iger NaCl-Lösung

Mithilfe der Parameter C_S und m_S ist es ebenso wie für das Modell von Murakami auch hier möglich, die modellbasierte Bruchlastspielzahl nach Shiozawa $N_{B,Shio}$ zu berechnen und mit den experimentellen Daten zu vergleichen, Abbildung 5.47. Dafür ist es lediglich erforderlich in Gl. 5.3 anstatt ΔK den Wert von ΔK_{max} aus Gl. 5.6 einzusetzen. Die Ergebnisse für beide Werkstoffe zeigen eine sehr gute Übereinstimmung von experimentellen Daten und $N_{B,Shio}$, sodass alle Datenpunkte innerhalb des eingezeichneten Streubands (Faktor 2) liegen. Dies liegt vermutlich auch daran, dass die Proben mit bruchauslösendem Defekt unterhalb der Oberfläche nicht für den Fit verwendet wurden, wodurch es ansonsten zu einer negativen Beeinflussung aller Datenpunkte gekommen wäre.

Wie auch in Abschnitt 5.1.8 ist es auch hier möglich, Wöhler-Kurven in Abhängigkeit der Defektgröße zu berechnen. Für den Werkstoff 316L ist dies in Abbildung 5.48 an Luft und in 3,5%iger NaCl-Lösung dargestellt. Die Unterschiede zu den defektgrößenabhängigen Wöhler-Kurven nach Murakami, Abbildung 5.44, sind auf den ersten Blick kaum zu erkennen. Der Schwingfestigkeitsexponent der Kurven liegt für das Modell nach Shiozawa bei $b = -0,217$ (nach Murakami: $b = -0,220$) und ist damit fast identisch. Bei näherer Betrachtung zeigt sich allerdings, dass die Defektgröße im Modell nach Shiozawa einen größeren Einfluss auf die Bruchlastspielzahl ausübt. Bei $\sigma_{max} = 480$ MPa reduziert sich $N_{B,Shio}$ bei einer Verdopplung der Defektgröße von $\sqrt{area} = 100$ auf $200\,\mu m$ um 59 % während dies für das Modell nach Murakami lediglich eine Reduzierung der Bruchlastspielzahl von nur 41 % zur Folge hat.

Das Modell nach Shiozawa zeigt aber ebenfalls den Knick aufgrund der korrosiven Überlagerung, der hier allerdings keiner allgemeinen Lastspielzahl zugeordnet werden kann. So liegt dieser Übergang für eine Defektgröße von $\sqrt{area} = 300\,\mu m$ bei $N \approx 3,1 \cdot 10^4$ und $\sigma_{max} = 565$ MPa, während er für eine Defektgröße von $\sqrt{area} = 500\,\mu m$ bei $N \approx 5,1 \cdot 10^4$ und $\sigma_{max} = 440$ MPa liegt. Das Modell deutet damit an, dass der Knickpunkt eine stärkere Abhängigkeit von der Zeit als auch von ΔK_{max} zeigt, während das Modell nach Murakami diese Hypothese nicht zulässt. Da in diesem Bereich jedoch keine experimentellen Daten vorliegen, muss diese Schlussfolgerung in weiteren Untersuchungen bestätigt werden.

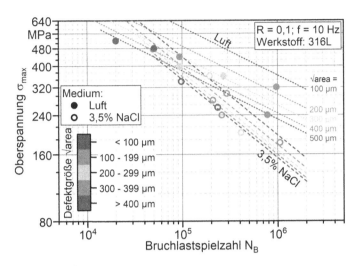

Abbildung 5.48 Modellbasierte defektgrößenabhängige Wöhler-Kurven von 316L an Luft und in 3,5%iger NaCl-Lösung, Modell nach Shiozawa

Ein ähnliches Bild ergibt sich bei der Betrachtung der defektgrößenabhängigen Wöhler-Kurven nach Shiozawa für den Werkstoff 316L+N, Abbildung 5.49. Es zeigen sich ähnliche Unterschiede zum Modell nach Murakami wie auch beim Werkstoff 316L, nämlich, dass eine Verdopplung der Defektgröße zu einer stärkeren Herabsetzung der berechneten Bruchlastspielzahl $N_{B,Shio}$ führt als es im Modell nach Murakami der Fall ist. Der Ermüdungsfestigkeitsexponent zur Beschreibung der Kurven führt zu einem Wert von $b = -0,292$ an Luft und $b = -0,338$ unter Korrosion und unterscheidet sich damit auch nur geringfügig von den Steigungen auf Basis des Modells nach Murakami ($b = -0,313$ und $-0,328$).

Auffällig ist ebenfalls, dass der Einfluss der Defektgröße auf die abgeschätzte Ermüdungsfestigkeit für den 316L stärker ausfällt als für den 316L+N. Beispielhaft ist dies in Tabelle 5.15 aufgeführt. Die abgeschätzte Ermüdungsfestigkeit bei $N_G = 10^6$ auf Basis der defektgrößenbasierten Bruchlastspielzahlen in Abhängigkeit der Defektgröße sinkt um 69 MPa für den 316L und lediglich um 54 MPa für den 316L+N. Dies lässt sich damit erklären, dass die Defekttoleranz durch Erhöhung des Stickstoffgehalts gesteigert werden konnte, da sich für den 316L+N größere Defekte weniger stark auf das Ermüdungsverhalten auswirken als für den 316L.

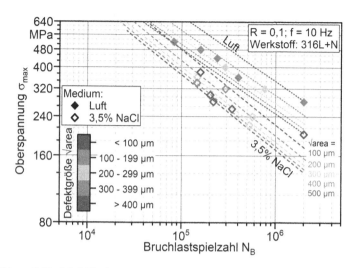

Abbildung 5.49 Modellbasierte defektgrößenabhängige Wöhler-Kurven von 316L+N an Luft und in 3,5%iger NaCl-Lösung, Modell nach Shiozawa

Tabelle 5.15 Defektgrößenabhängige abgeschätzte Ermüdungsfestigkeit der Werkstoffe 316L und 316L+N an Luft (Modell nach Shiozawa)

Werkstoff	Defektgröße $\sqrt{area}$ [μm]	Ermüdungsfestigkeit bei $N_G = 10^6$ [MPa]	Differenz
316L	200	299	69
	500	230	
316L+N	200	300	54
	500	246	

Da in Abschnitt 5.1 bereits gezeigt werden konnte, dass sich Oberflächen- und innere Defekte unterschiedlich verhalten, ist zu beachten, dass die hier aufgeführten defektgrößenabhängigen Wöhler-Kurven ausschließlich für Oberflächendefekte Gültigkeit besitzen, sodass die Anwendbarkeit für Proben ohne Oberflächendefekte in zukünftigen Untersuchungen erst noch verifiziert werden muss. Dies gilt insbesondere für die Ergebnisse der Korrosionsermüdungsversuche, bei denen bereits gezeigt werden konnte, dass die Position des bruchauslösenden Defekts einen signifikanten Einfluss auf den Versagensmechanismus und letztendlich auf die Bruchlastspielzahl ausüben kann.

5.2.8   Einfluss von Korrosion und Defekten auf die Schädigungsmechanismen

Auf Basis der in Abschnitt 5.2.7 verwendeten Modelle ist keine eindeutige Aussage über die ablaufenden Korrosions- und Korrosionsermüdungsmechanismen möglich, die zu den sich ergebenden Kurvenverläufen führen. Tseng et al. [228] berichten von einer deutlichen Beschleunigung des Risswachstums von AISI 316L (f = 1 Hz; R = 0,1) in 3,5%iger NaCl-Lösung (T = 80 °C) im Vergleich zu Versuchen an Luft. Parallel dazu wurde der Einfluss des Stickstoffgehalts in einem Duplex-Stahl UNS S32205 (1.4462) ebenfalls im Korrosionsmedium untersucht. Mit steigendem Stickstoffgehalt erfolgte eine Verlangsamung des Korrosionsermüdungsrisswachstums. Begründet wurde dies allerdings nicht primär mit der Verbesserung der Korrosionseigenschaften aufgrund des erhöhten Stickstoffgehalts, sondern mit der austenitstabilisierenden Wirkung des Stickstoffs, wodurch im Stahl 1.4462 der Anteil der ferritischen Phase, die bevorzugt korrosiv angegriffen wird, von ca. 65 auf 55 % gesenkt wurde. Diener et al. [144] beschreiben den Einfluss der interstitiellen Legierungselemente C und N auf die Ermüdungsfestigkeit von austenitischen Stählen. Eine Erhöhung des C + N Gehalts von 0,0 auf 0,9 Gew.-% führt demnach zu einer Verbesserung der Korrosionsermüdungsfestigkeit in Ringerlösung um 100 % ($N_G = 10^7$, R = −1; f = 50 Hz). Jedoch ist zu beachten, dass die Ermüdungs- und Korrosionsermüdungseigenschaften in den in der Literatur vorliegenden Untersuchungen nicht von den prozessinduzierten Oberflächendefekten beeinflusst wurden, sodass in diesem Bereich ein relevanter Forschungsbedarf besteht.

Die elektrochemischen Untersuchungen an 316L und 316L+N, die am LWT der RUB durchgeführt wurden, zeigten keinen Unterschied in der gleichmäßigen Flächenkorrosion in 0,5 mol/l H_2SO_4-Lösung, aber einen signifikanten Anstieg des Lochkorrosiondurchbruchpotenzials von 108 mV auf 179 mV in 0,6 mol/l NaCl-Lösung (Calomel-Elektrode, Stromdichte I = 100 $\mu A/cm^2$). Das Ergebnis zeigt sich auch im Vorfaktor für Stickstoff zur Berechnung der Wirksumme (PREN), wodurch dem Stickstoffgehalt ein wichtiger Beitrag zur Erhöhung des Widerstands gegen Lochkorrosion zugeschrieben wird. Dadurch ergibt sich bei einem Vorfaktor von 30 für N eine Wirksumme von 26,3 (316L) und 28,8 (316L+N). Den Ergebnissen der Korrosionsermüdungsversuche nach ist Lochkorrosion aber nicht der entscheidende Korrosionsmechanismus, der zu einer Verringerung der Ermüdungsfestigkeit führt, da weder beim 316L noch beim 316L+N ein Versagen ausgehend von Pittings erkennbar war. Allerdings ist davon auszugehen, dass dieser Faktor eine deutlich größere Rolle spielt, wenn Proben mit niedriger Porosität und ohne vorhandenen Oberflächendefekten untersucht werden. Lochkorrosion und die Entstehung von Pittings sind also in den vorliegenden Untersuchungen an 316L und 316L+N nicht rissinitiierend, was die Ergebnisse von Cahoon und Holte [130] und Maruyama et al. [131] an konventionellem AISI 316 bzw. AISI 316L bestätigt. Als relevant und kritisch für die ablaufenden Mechanismen wird jedoch das durch die Fraktografie gezeigte Vorhandensein von Oberflächendefekten und den darin ablaufenden Korrosions-, Ermüdungs- und Korrosionsermüdungsvorgängen bewertet.

Sander et al. [127] berichten, dass die unregelmäßige Porenoberfläche von PBF-LB AISI 316L eine schnelle Repassivierung behindert. Geenen et al. [122] beschreiben außerdem, dass in pulvermetallurgischen Stählen Spaltkorrosion der dominierende Korrosionsmechanismus ist. Die Anfälligkeit gegenüber Spaltkorrosion spielt laut Cahoon und Holte [130] außerdem eine größere Rolle als gegenüber Lochkorrosion, wenn auf das Korrosionsermüdungsverhalten geschlossen werden soll. Aufgrund des geringen Austauschs des Mediums zwischen einem Defekt mit Oberflächenkontakt und der Umgebung, ist zu erwarten, dass in diesen Defekten eine Sauerstoffverarmung stattfindet. Dadurch wird die Auflösung der inneren Passivschicht auf der Porenoberfläche beschleunigt und die Repassivierung verhindert [123]. Der von Geenen et al. [122] in diesem Zusammenhang formulierte Mechanismus bzw. Korrosionsangriff läuft folgendermaßen ab:

1. Die Porenoberfläche ist mit einer intakten Passivschicht geschützt
2. Die Passivschicht in der Pore wird kontinuierlich aufgelöst und das darunterliegende ungeschützte Material wird korrosiv angegriffen
3. Es kommt sowohl zur Spaltkorrosion entlang von scharfen Kanten oder angeätzten Korngrenzen als auch zur Ausbildung von lokalen Korrosionszellen zwischen innerer Poren- und passivierter Probenoberfläche
4. Anodische Auflösung des Werkstoffs im Defekt

Auf diese Weise kommt es laut Itzhak und Aghion [124] auch zur Bildung von Wasserstoffkonzentrationszellen in den Poren. Die in den vorliegenden Ergebnissen gezeigten bruchauslösenden LoF-Defekte begünstigen den beschriebenen Korrosionsmechanismus, da insbesondere die Form dieser Defekte häufig flach und langgestreckt ist und damit einem Spalt ähnelt. Die Ergebnisse der µCT-Untersuchungen bestätigen diese Annahme, Abbildung 5.28. Auf diese Weise wirkt die Probenoberfläche als Kathode und die Oberfläche in der Pore als Anode.

Die dabei ablaufende Reaktion entspricht der klassischen Hydrolyse von Metall-ionen unter Bildung von Oxoniumionen aufgrund von Sauerstoffverarmung in der Pore, Gl. 2.15 und Gl. 2.17.

Da laut Gavriljuk [151] ein erhöhter Stickstoffgehalt auch zu einem ver-besserten Widerstand gegen Spaltkorrosion beiträgt, ist der 316L+N auch trotz der vorhandenen Oberflächendefekte besser vor diesen Korrosionsvorgängen geschützt. Der im Werkstoff vorliegende interstitielle Stickstoff kann mit den Oxoniumionen im Medium reagieren, indem Ammonium-Ionen (NH4$^+$) gem. Gl. 2.20 entstehen, wodurch der pH-Wert in den Defekten wieder erhöht und die Repassivierung der Oberfläche begünstigt [140] oder beschleunigt [134] wird.

Dadurch lässt sich das für den 316L+N auf Basis des Modells nach Murakami und Shiozawa gezeigte bessere Korrosionsermüdungsverhalten im Vergleich zum 316L erklären, auch wenn die Ergebnisse andeuten, dass dieser Effekt bei höhe-ren als in dieser Arbeit erreichten Lastspielzahlen ausgeprägter zu sein scheint. Da über den zeitlichen Verlauf deutlich mehr Oxoniumionen gebildet werden, als durch den Stickstoff gebunden werden können, wird der positive Effekt des Stickstoffs im Verlauf des Korrosionsangriffs kontinuierlich eingeschränkt [229], weshalb Untersuchungen bei höheren N_G dringend empfohlen werden.

Zusätzlich zur Spaltkorrosion muss auch die überlagerte schwingende Belas-tung berücksichtigt werden. Aufgrund der zyklischen Belastung konnte bereits in Abbildung 5.35 a) gezeigt werden, dass auf der Defektoberfläche Extrusio-nen entstehen, die nach einer gewissen Lastspielzahl rissinitiierend wirken. Bei der Bildung dieser Extrusionen entsteht an den Flanken eine neue Oberfläche, die keine schützende Passivschicht aufweist. Der auf diese Weise vorliegende Mechanismus der schnellen anodische Metallauflösung auf ungeschützten Extru-sionsflanken, Abbildung 2.15, führt entweder zu einer Passivierung der neuen Oberfläche oder zur gezielten korrosiven Auflösung des Metalls, wodurch die Rissinitiierung beschleunigt wird. Dies wird durch die TEM-Untersuchungen von Smith und Staehle [230] an CrNi-Stählen bestätigt, die feststellten, dass durch die Entstehung von Gleitstufen die Passivschicht lokal zerstört und anschließend anodische Metallauflösung mit sehr hoher Geschwindigkeit abläuft.

Der in Abbildung 5.33 gezeigte Verlauf des freien Korrosionspotenzials U_F der beiden Proben aus 316L und 316L+N bei 340 MPa liefert in diesem Zusammenhang weitere Informationen zu den ablaufenden Korrosionsmechanis-men. Beide Proben weisen ungefähr gleich große bruchauslösende Defekte von $\sqrt{\text{area}}$ = 447 (316L) und 425 µm (316L+N) auf, weshalb der Unterschied in der Bruchlastspielzahl zum einen auf den höheren mechanischen Eigenschaf-ten und zum anderen auf der überlagerten Korrosion bzw. den Unterschieden im Korrosionsangriff basiert. Das Korrosionspotenzial des 316L+N im Bereich von $6 \cdot 10^4$ bis $1{,}6 \cdot 10^5$ weist u. a. Anzeichen für metastabiles Pitting auf, verbleibt aber auf einem relativ stabilen Niveau. Dies lässt darauf schließen, dass Schädigung der Passivschicht und Repassivierung ungefähr im Gleichgewicht ablaufen [121]. Dieser stabile Bereich findet sich im Potenzialverlauf der 316L Probe nicht. Hier ist ab Versuchsbeginn ein kontinuierlicher Abfall des Korrosionspotenzials erkennbar, was darauf hinweist, dass der 316L ein schlechteres Repassivierungsvermögen aufweist und die Wechselwirkung zwischen Extrusionen, Korrosionsmedium und Rissinitiierung und -wachstum aufgrund des geringeren Stickstoffgehalts stärker ist und zu einem früheren Versagen führt.

Ein weiterer Effekt, der berücksichtigt werden muss, besteht in der Bildung von verformungsinduzierten α'-Martensit. Untersuchungen von Alvarez et al. [231] fanden einen erheblichen Einfluss von verformungsinduziertem α'-Martensit in AISI 316 und 304, der zu einem selektiven Korrosionsangriff führte. Aus diesem Grund wurden stichprobenartige Messungen mittels magnetinduktiven Verfahrens (Feritscope® FMP30) zur Bestimmung des Volumengehalts an magnetischer Phase auf den Bruchflächen des 316L und 316L+N durchgeführt. Auf die Anwendung eines Korrekturfaktors zur quantitativen Abschätzung des α'-Martensit Volumengehalts [169] wurde verzichtet, da nur Vergleichswerte ermittelt wurden. Die Bruchflächen des 316L zeigten dabei im Schnitt einen Volumengehalt von 0,4 % magnetischen Phasenanteils, während dieser bei den 316L+N Proben maximal bei 0,2 % lag. Blinn et al. [82] konnten ebenfalls nachweisen, dass sich entlang des Ermüdungsrisses lokal α'-Martensit bilden kann. Die austenitstabilisierende Wirkung des Stickstoffs im 316L+N kann somit auch dazu beitragen, dass weniger verformungsinduzierter α'-Martensit unter Ermüdungsbeanspruchung entsteht, wodurch die von Alvarez et al. [231] beschriebene selektive Korrosion der martensitischen Phase eingeschränkt oder verhindert werden kann. Dies zeigt sich auch in der deutlich geringeren M_{d30}-Temperatur des 316L+N von Md30 = $-62{,}1$ °C im Vergleich zu der von 316L von M_{d30} = $-24{,}6$ °C, Tabelle 3.3, die eine Aussage über die Austenitstabilität unter plastischer Verformung ermöglicht und durch den erhöhten Stickstoffgehalt im 316L+N merklich abgesenkt wird. Wie in Abschnitt 2.4.1 beschrieben, kann Martensitbildung auch die kathodische Spannungsrisskorrosion begünstigen, sodass die verformungsinduzierte Phasenumwandlung auch zu einem beschleunigten Risswachstum aufgrund von Wasserstoffversprödung führen kann.

5.2.9 Extremwertverteilung zur Beschreibung des defektabhängigen Ermüdungsverhaltens

Extremwertverteilungen werden häufig dazu verwendet, eine statistische Beschreibung der Ermüdungsfestigkeit auf Basis von z. B. der Auswertung der Größe von nichtmetallischen Einschlüssen in Schliffbildern [102] oder Poren aus µCT-Daten [89] durchzuführen. Als Verteilungsfunktionen für derartige Auswertungen bieten sich u. a. die Weibull-Verteilung, eine logarithmische Normalverteilung oder die Gumbel-Verteilung an. Einfacher ist es, wenn direkt auf vorhandene Extrema in Form von bruchauslösenden Defekten zurückgegriffen wird. Bei dieser Art von Defekten kann davon ausgegangen werden, dass sie den größten oder kritischsten Defekten im Werkstoff bezogen auf das Ermüdungsverhalten entsprechen.

$$P = 1 - exp\left[-exp\left(\frac{\sqrt{area} - \lambda}{\delta}\right)\right] \qquad \text{(Gl. 5.7)}$$

$$P = \frac{i - 0,5}{n} \qquad \text{(Gl. 5.8)}$$

In dieser Arbeit empfiehlt sich die werkstoffunabhängige Verwendung dieser Defekte, da kein Unterschied in den vorliegenden Defektgrößen in Bezug auf die beiden untersuchten Werkstoffe festgestellt werden konnte. Zur Beschreibung der Extremwerteverteilung wird die Gumbel-Verteilung gem. Gl. 5.7 [232] verwendet. Die Parameter λ und δ entsprechen dem sog. Skalen- und Lageparameter und bilden die Streuung bzw. zentrale Lage der Verteilung ab. Die kumulative Wahrscheinlichkeit P jedes Datenpunkts i wird in Abhängigkeit der Gesamtprobenzahl n mithilfe der Gl. 5.8 [233] abgeschätzt. Auf diese Weise kann die Defektgrößenverteilung der bruchauslösenden Defekte werkstoffunabhängig bewertet werden, Abbildung 5.50.

Das Bestimmtheitsmaß von $R^2 = 0{,}983$ zeigt, dass die Defektgrößenverteilung mithilfe der Gumbel-Verteilung sehr gut beschrieben werden kann.

Auf diese Weise kann ein Wahrscheinlichkeitsbereich, z. B. für die Ermüdungsfestigkeit von $N_G = 2{\cdot}10^6$ in Kombination mit den defektgrößenbasierten Lebensdauerkurven basierend auf dem Modell nach Murakami oder Shiozawa erstellt werden, wodurch eine Verknüpfung von bruchmechanischer und statistischer Bewertung des Ermüdungsverhaltens für die untersuchten Werkstoffe mit der zugrundeliegenden Defektgrößenverteilung ermöglicht wird. Bei einer großen Proben- und Versuchsanzahl sollte sich theoretisch auf diese Weise eine durchschnittliche abgeschätzte Ermüdungsfestigkeit entsprechend einer Überlebenswahrscheinlichkeit Pü = 50 % von $\sigma_{w,50\,\%} = 217$ MPa ermitteln lassen.

Abbildung 5.50
Defektgrößenverteilung
(Extremwertverteilung nach
Gumbel) auf Basis aller
bruchauslösenden Defekte
von 316L und 316L+N

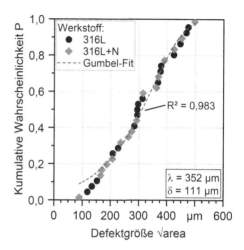

Eine exemplarische Darstellung dieser Auswertung auf Basis der Ermüdungsergebnisse des 316L ist in Abbildung 5.51 zu finden. Einen ähnlichen Ansatz verfolgten Romano et al. [89], die auf Basis der größten mittels CT in PBF-LB AlSi10Mg identifizierten Defekte den sog. „Peak-over threshold" Ansatz nutzten. Bei diesem Ansatz werden nur Defekte für die Extremwertstatistik verwendet, die größer als 90 % aller in den Proben detektierten Defekte sind. Die so ermittelte Defektgrößenverteilung erlaubt mithilfe von Kitagawa-Takahashi-Diagrammen eine sehr gute Abschätzung der Ermüdungsfestigkeit und kann dazu verwendet werden, eine maximal zulässige detektierte Defektgröße in einem ausgewählten Volumen zu definieren, um eine Bauteilauslegung durchzuführen. Die statistische Auswertung von Versuchsdaten in Kombination mit defektbasierten Ermüdungsmodellen bietet somit eine gute Ergänzung zur effizienten Ermittlung des Ermüdungsverhaltens defektbehafteter Werkstoffe.

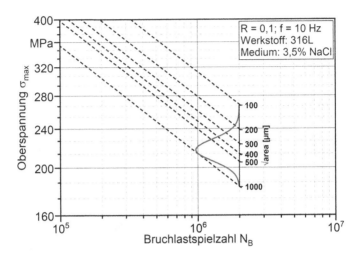

Abbildung 5.51 Abschätzung der Ermüdungsfestigkeit auf Basis des Modells nach Mura-kami von 316L bei $N_G = 2\cdot10^6$ in 3,5%iger NaCl-Lösung unter Verwendung der statistischen Extremwertverteilung

Die hier gezeigte Verknüpfung von modellbasierter Beschreibung der Ermü-dungsfestigkeit mit einer statistischen Extremwertverteilung auf Basis der in den Versuchen vorgefundenen Größen der bruchauslösenden Defekte erlaubt ebenfalls eine derartige Abschätzung, sodass dieser Ansatz dazu verwendet werden kann, um Informationen zur Bauteilauslegung bzw. zur maximal erlaubten Defektgröße zu gewinnen.

Zusammenfassung und Ausblick 6

In der vorliegenden Arbeit wurden zwei Themenschwerpunkte untersucht, wobei im ersten Teil gezeigt werden konnte, dass es möglich ist, das defektdominierte Ermüdungsverhalten des Werkstoffs X2CrNiMo18-15-3 auf Basis mittels PBF-LB eingebrachter künstlicher Defekte zu charakterisieren. Durch die Variation der Größe, Form und Position dieser Defekte ergaben sich in den Ergebnissen der Ermüdungsversuche hohe Streuungen in der Bruchlastspielzahl, was sowohl auf das Vorhandensein der künstlichen Defekte als auch auf prozessbedingte Oberflächendefekte zurückgeführt wurde. Ziel dieser Untersuchungen war zum einen, eine Möglichkeit zu finden, den Einfluss der Defekte auf das Ermüdungsverhalten bruchmechanisch zu bewerten, um eine um die Defekte bereinigte Darstellung des Ermüdungsverhaltens zu erreichen. Zum anderen sollte gezeigt werden, dass der systematische Ansatz, künstlich eingebrachte, aber eindeutig definierte Defekte mittels PBF-LB zu erzeugen, generell dazu geeignet ist, das erstgenannte Ziel zu erreichen.

Dieser systematische Ansatz soll es ermöglichen, mit reduzierter Probenanzahl bereits eine fundierte Aussage über das Ermüdungsverhalten und die Defekttoleranz von PBF-LB Werkstoffen zu tätigen. Dies ist besonders relevant, da für Ermüdungsversuche im Allgemeinen eine große Probenanzahl für eine statistische Absicherung der Ergebnisse notwendig ist und zum anderen, da annähernd defektfreie Bauteile bisher nur durch aufwändige Nachbehandlungsverfahren, wie z. B. das heißisostatische Pressen, erreicht werden können. Eine Aussage über den Einfluss von Defekten auf die mechanischen und insbesondere die Ermüdungseigenschaften sind aus diesem Grund für alle mittels PBF-LB oder auch anderer AM-Verfahren verarbeitete Werkstoffe von besonderer Relevanz.

© Der/die Autor(en), exklusiv lizenziert an Springer Fachmedien Wiesbaden GmbH, ein Teil von Springer Nature 2023
F. J. Stern, *Systematische Bewertung des defektdominierten Ermüdungsverhaltens der additiv gefertigten austenitischen Stähle X2CrNiMo17-12-2 und X2CrNiMo18-15-3*, Werkstofftechnische Berichte | Reports of Materials Science and Engineering, https://doi.org/10.1007/978-3-658-41927-1_6

Die auf diese Weise erhaltenen Proben wurden so gefertigt, dass neben einem annähernd defektfreien Referenzzustand zusätzlich neun weitere Probenzustände mit unterschiedlichen Defektarten, -größen und -positionen vorlagen. Dabei wurde neben würfelförmigen und ellipsoiden Defektformen auch die Größe der Defekte von $\sqrt{area} = 300$–1500 µm variiert. Während ein Großteil der Defekte direkt mittig in der Probenachse platziert wurde, erfolgte zusätzlich für die ellipsoiden Defekte mit $\sqrt{area} = 600$ µm eine Variation der Position, weshalb auch Defekte direkt an der Probenoberfläche sowie auf halbem Abstand zwischen Probenrand und Probenmitte platziert wurden. Vor Versuchsdurchführung wurden die Proben mittels µCT untersucht, um zerstörungsfrei die Übereinstimmung der Defekte mit den CAD-Vorgaben zu überprüfen. Anschließend erfolgten Ermüdungsversuche bis zur Grenzlastspielzahl $N_G = 10^7$. Die Ergebnisse der Ermüdungsversuche zeigten eine erwartungsgemäß hohe Streuung, wobei in den Fällen, in denen der künstlich eingebrachte Defekt auch bruchauslösend war, individuelle defektgrößenabhängige Wöhler-Kurven ermittelt wurden, sodass von einem reproduzierbarem defektdominierten Ermüdungsverhalten ausgegangen werden konnte.

Auf Basis der fraktografischen Untersuchungen konnten sowohl die bruchauslösenden künstlichen Defekte als auch prozessbedingte, ungewollte Defekte direkt an der Probenoberfläche identifiziert werden. Die Oberflächendefekte zeigten dabei eine deutlich kleinere Größe im Vergleich zu den künstlich eingebrachten inneren Defekten. Auf diese Weise konnte bereits darauf geschlossen werden, dass sich Oberflächendefekte signifikant kritischer auf das Ermüdungsverhalten auswirken. So versagte in einem Fall eine Probe an einem Oberflächendefekt, obwohl der innere Defekt in etwa um den Faktor 15 größer war ($\sqrt{area} = 40$ µm an der Oberfläche zu $\sqrt{area} \approx 600$ µm im Probeninneren).

Um den Einfluss der Defekte auf das Ermüdungsverhalten besser bewerten zu können, wurden die Modelle nach Murakami und nach Shiozawa verwendet, die beide auf bruchmechanischen und im Fall des Modells nach Murakami auch auf teilempirischen Ansätzen basieren. Über die Berechnung der defektgrößenabhängigen Ermüdungsfestigkeit nach Murakami, in die als Werkstoffparameter zusätzlich die Härte einfließt, kann eine Art modifiziertes Wöhler-Diagramm erzeugt werden, dass die Bruchlastspielzahl mit dem Verhältnis von Spannungsamplitude zu berechneter Ermüdungsfestigkeit verbindet. Auf diese Weise konnte gezeigt werden, dass sich im Prinzip zwei um die Defektgröße „bereinigte" Kurven ergeben und zu einer Duplex-Wöhler-Kurve führen. In dieser teilen sich die Versuchsergebnisse in zwei Kurven, basierend auf ihrem Rissursprung, Oberflächendefekt oder Defekt im Probeninneren, auf. Dadurch, dass die Oberflächen-Kurve sowohl eine Lage bei niedrigeren Bruchlastspielzahlen aufweist als auch deutlich steiler abfällt, können diese Defekte als signifikant kritischer bewertet werden. Die Ergebnisse ermöglichen sogar die Aussage, dass für einen Oberflächendefekt mit $\sqrt{area} = 600$ μm bei einer Spannungsamplitude von 270 MPa eine gleiche Bruchlastspielzahl von 10^5 erreicht werden kann, wie für eine Probe mit Defekt im Probeninneren bei 340 MPa. Anders ausgedrückt kann ein vergleichbares Bauteil, von dem bekannt ist, dass es einen entsprechenden Defekt im Probeninneren statt an der Oberfläche aufweist, um 26 % höher zyklisch belastet werden oder bei gleicher Belastung mehr als das Zehnfache an Lastwechseln ertragen.

Ähnliche Erkenntnisse können auch bei Verwendung des Modells nach Shiozawa gewonnen werden. So besteht bei beiden Modellen die Möglichkeit, defektgrößenspezifische Wöhler-Kurven zu berechnen, um den Einfluss unterschiedlicher Defektgrößen auf das Ermüdungsverhalten bewerten zu können. Dabei zeigt sich nicht nur, dass auf diese Weise Wöhler-Kurven mit einer Steigung entstehen, die sehr nah an der von konventionellem Material liegt, sondern eben auch, dass die in klassischen Wöhler-Diagrammen erhaltene Streuung nicht mehr auftritt, da nun z. B. bei einer Beschreibung der Ergebnisse mittels Basquin-Gleichung nicht mehr über alle Defektgrößen gemittelt wird, sondern jeder Defektgröße eine individuelle Wöhler-Kurve zugeordnet werden kann. Gleichzeitig zeigt sich, dass die so erhaltenen Kurven eine sehr gute Übereinstimmung mit den Versuchsdaten aufweisen.

Trotz der teilweisen sehr guten Übereinstimmung von modellbasierter und experimenteller Bruchlastspielzahl können bei näherer Betrachtung die Grenzen der Modelle identifiziert werden. So kommt es insbesondere bei hohen Spannungen zu einem Versagen sowohl ausgehend von dem künstlichen Defekt als auch davon überlagert von Oberflächendefekten, da bei dieser Belastung z. B. der Schnittpunkt der beiden Murakami-Kurven für die Oberflächendefekte und die inneren Defekte liegt. Dadurch kommt es zu einem konkurrierenden Verhalten der beiden Versagensmechanismen. In den Fällen, in denen sowohl Risswachstum ausgehend vom künstlichen Defekt als auch von Oberflächendefekten vorlag, zeigte sich auch eine schlechtere Übereinstimmung der modellbasierten Bruchlastspielzahl mit den experimentellen Daten. Beide Modelle sind demnach nicht in der Lage, das Ermüdungsverhalten zu beschreiben, wenn es zu multipler Rissinitiierung und Risswachstum kommt, da sich diese Risse im schlimmsten Fall vereinigen können und somit die Bruchlastspielzahl deutlich niedriger ausfällt, als durch das Modell abgeschätzt wird. Besonders das Modell nach Shiozawa war zusätzlich anfällig für eine Überschätzung der Bruchlastspielzahl von Proben, deren Defekt zwischen Probenrand und Probenmitte eingebracht worden waren. Die Bruchflächen dieser Proben zeigten, dass sich der Mechanismus des

Risswachstums änderte, sobald der Riss ausgehend vom künstlichen Defekt die Probenoberfläche erreichte. Dadurch ergab sich eine Mischung aus Risswachstum im Inneren der Probe und, sobald der Riss an die Oberfläche gewachsen war, Risswachstum von der Oberfläche ausgehend. Auch diese unterschiedlichen Risswachstumsphasen können durch das Modell nach Shiozawa bisher nicht kombiniert berücksichtigt werden. Für das Modell scheint dies insbesondere relevant zu sein, da es primär darauf aufbaut, mittels des Paris-Gesetz das Risswachstum und damit die Bruchlastspielzahl abzuschätzen. Da das Modell nach Murakami einen anderen Ansatz verfolgt, scheint es dafür auch weniger anfällig zu sein.

Im zweiten Teil dieser Arbeit wurde der Stahl X2CrNiMo17-12-2 mit einem definierten, erhöhten Stickstoffgehalt versehen, der darauf abzielte, dass die N-Löslichkeit in der Schmelze während des PBF-LB Prozesses nicht überschritten wird, um ein Ausgasen und damit verbundene erhöhte Gasporosität zu verhindern. Zu Vergleichszwecken wurden deshalb Proben mit annähernd keinem N-Gehalt und Proben mit einem N-Gehalt von 0,16 Gew.-% gefertigt. Das Ziel dabei war es, sowohl die Festigkeit durch Mischkristallverfestigung als auch die Beständigkeit gegenüber Loch- und Spaltkorrosion zu erhöhen. Aus diesem Grund wurden nicht nur Ermüdungsversuche an Luft, sondern auch Korrosionsermüdungsversuche in 3,5%iger NaCl-Lösung bis zur Grenzlastspielzahl $2 \cdot 10^6$ durchgeführt.

Sowohl die chemische Analyse als auch µCT-Untersuchungen zeigten kein Ausgasen, weder in Form einer Änderung des N-Gehalts noch in der Ausbildung von Gasporen. Stattdessen konnte eine erhöhte Porosität aufgrund von LoF-Defekten detektiert werden. Bei der weiteren Mikrostrukturanalyse zeigten sich jedoch keine weiteren Unterschiede, sodass davon ausgegangen werden konnte, dass der Stickstoff vollständig interstitiell gelöst und nicht in Form von (Carbo-)Nitriden im Gefüge vorliegt. Durch den erhöhten N-Gehalt konnte die Dehngrenze, die Zugfestigkeit und die Härte um 9–16 % gesteigert werden. Gleichzeitig zeigte sich im MSV eine Verschiebung der ersten Werkstoffreaktion auf Basis der plastischen Dehnungsamplitude von 360 auf 420 MPa (+17 %) und der Bruchspannung von 500 auf 560 MPa (+12 %) und damit sehr ähnlich zum Anstieg der anderen Festigkeitskennwerte.

Vergleichbar zu den Ergebnissen des ersten Teils dieser Arbeit zeigte sich ein stark defektdominiertes Ermüdungsverhalten, sodass ein Vergleich der untersuchten Werkstoffe auf Basis ihrer ermittelten Wöhler-Kurven als nicht zielführend eingestuft werden musste. Die Korrosionsermüdungsversuche deuteten zusätzlich darauf hin, dass es zu einer Absenkung der Wöhler-Kurve kommt und somit aufgrund der überlagerten Korrosion das Ermüdungsverhalten negativ beeinflusst wird. Unter Berücksichtigung der bruchauslösenden Defekte und Anwendung der im ersten Teil dieser Arbeit genutzten Modelle nach Murakami und Shiozawa konnte gezeigt werden, dass unter Ermüdung an Luft, insbesondere bei hohen Spannungen und niedrigen Bruchlastspielzahlen, ein positiver Effekt des erhöhten N-Gehalts erkennbar ist, der in Richtung niedriger Spannungen und höherer Bruchlastspielzahlen immer geringer ausfällt. Die auf diese Weise ausgewerteten Ergebnisse der Korrosionsermüdungsversuche bestätigen den ersten Eindruck der Wöhler-Kurven, nämlich, dass die Ergebnisse des stickstofflosen Stahls ab einer Bruchlastspielzahl von $9 \cdot 10^4$ signifikant abfallen. Die Ergebnisse des Stahls mit erhöhtem Stickstoffgehalt deuten im Gegensatz dazu eher darauf hin, dass es zu einer Parallelverschiebung der Wöhler-Kurve ohne erkennbaren Knick kommt.

Gleichzeitig konnte durch fraktografische Untersuchungen in Verbindung mit elektrochemischen in-situ Messungen gezeigt werden, dass die Repassivierungsfähigkeit durch den erhöhten Stickstoffgehalt verbessert wird. Ebenso zeigten die Messungen des freien Korrosionspotenzials, dass es auch zu metastabiler Lochkorrosion kommt. Es stellte sich auch heraus, dass maßgeblich Oberflächendefekte bruchauslösend waren und es in diesen zu Loch- oder Spaltkorrosion in Form von Sauerstoffverarmung und einer Absenkung des pH-Werts kommt. Auch hier kann davon ausgegangen werden, dass der stickstoffhaltige Stahl durch die Ausbildung von Ammoniumionen in der Lage ist, der Absenkung des pH-Werts entgegenzuwirken, wodurch der Korrosionsangriff im Spalt verlangsamt werden kann. Auf diese Weise konnte ein im Vergleich zum stickstoffärmeren Stahl verbessertes Korrosionsermüdungsverhalten festgestellt werden.

In den Fällen, in denen der bruchauslösende Defekt nicht direkt an der Probenoberfläche und damit auch nicht in direktem Kontakt mit dem Korrosionsmedium stand, konnte sowohl eine unerwartet hohe Bruchlastspielzahl als auch ein schlagartiger Abfall des freien Korrosionspotenzials im Verlauf des Versuchs festgestellt werden. Darauf aufbauend wurde geschlussfolgert, dass in dem Moment, in dem der Ermüdungsriss die Oberfläche erreicht, der Defekt mit Korrosionsmedium in Kontakt kommt. Da im Defekt davor lediglich das Prozessgas eingeschlossen war, konnten die freigelegten Extrusionsflanken, die sich aufgrund der lokal erhöhten Spannung auf der Defektoberfläche gebildet haben, wegen des fehlenden Sauerstoffs im Defekt keine Passivschicht ausbilden. Sobald die Defektoberfläche in Kontakt mit dem Korrosionsmedium kam, konnte die anodische Metallauflösung ungehindert einsetzen und eine weitere Rissentstehung oder beschleunigtes Risswachstum begünstigen.

Abschließend wurden die fraktografischen Auswertungen der bruchauslösenden Defekte dazu verwendet, deren Größe erfolgreich mithilfe der Gumbel-Extremwertverteilung zu beschreiben. Die Defekte zeigten eine werkstoffunabhängige Wahrscheinlichkeitsverteilung und die Ergebnisse der Extremwertverteilung konnten verwendet werden, um exemplarisch eine Abschätzung der Ermüdungsfestigkeit durch die Kombination der Gumbel-Verteilung mit dem Modell nach Murakami in Form von defektgrößenspezifischen Wöhler-Kurven durchzuführen. Auf diese Weise war es möglich eine statistische Aussage über die Ermüdungsfestigkeit in Abhängigkeit der zu erwartenden Defektgrößen zu tätigen.

Basierend auf den in dieser Arbeit erhaltenen Ergebnisse geben sich relevante Fragestellungen für zukünftige Untersuchungen, um sowohl noch offene Fragen dieser Arbeit zu beantworten als auch, um die Übertragbarkeit der Ergebnisse auf andere Werkstoffe oder Fertigungsverfahren zu gewährleisten.

Der im ersten Teil dieser Arbeit vorgestellte systematische Ansatz zur Charakterisierung des defektdominierten Ermüdungsverhaltens konnte bisher nur an einem Werkstoff exemplarisch untersucht werden. Auf Grundlage dieser Arbeit kann eine Anwendbarkeit auf andere Werkstoffe, Werkstoffklassen oder z. B. auf das PBF-EB Verfahren erfolgen. Prinzipiell ermöglicht der vorgestellte Ansatz bereits nur auf Basis von zwei Probenzuständen, ein Zustand mit Oberflächendefekten und ein Zustand mit Defekten im Probeninneren, in Kombination mit den hier vorgestellten Modellen nach Murakami oder Shiozawa bereits eine aussagekräftige Bewertung des Einflusses von Defekten auf das Ermüdungsverhalten. Im Extremfall reichen sogar theoretisch insgesamt vier, also zweimal zwei Proben, dafür aus, wobei eine statistische Absicherung auf Basis einer größeren Datenlage empfehlenswert ist. Der Vorteil, der sich daraus ergibt, kann bei einer gegebenen Übertragbarkeit des Ansatzes klar an dem deutlich geringeren Zeit- und Kostenaufwand ausgemacht werden.

Auch eine vertiefende Untersuchung zum Einfluss der Form von Defekten durch das Erzeugen künstlicher Defekte mit noch kerb- oder rissähnlicherer Form ist von besonderem Interesse, da LoF-Defekte im Allgemeinen eine noch schärfere Form aufweisen als die in dieser Arbeit eingebrachten ellipsoiden Defekte. Da auch davon ausgegangen wird, dass Oberflächendefekte primär aufgrund des Kontakts zur Umgebungsluft ein schnelleres Risswachstum aufweisen, bietet es sich auch für PBF-LB Werkstoffe an, ergänzende Untersuchungen zum Risswachstum in Argon- oder Stickstoffatmosphäre durchzuführen, um die Atmosphäre in den vorliegenden inneren Defekten nachzustellen.

Unter Berücksichtigung der Ergebnisse der Ermüdungs- und Korrosionsermüdungsversuche am Stahl X2CrNiMo17-12-2 ohne und mit erhöhtem N-Gehalt konnte bereits angedeutet werden, dass insbesondere bei den Korrosionsermüdungsversuchen eine Erhöhung der Grenzlastspielzahl einen enormen Erkenntnisgewinn erwarten lässt. Die beobachtete annähernde Parallelverschiebung der Ergebnisse im Vergleich zu den Ermüdungsversuchen an Luft weist auf ein enormes Potenzial des Werkstoffs hin, wenn sich der weitere Verlauf bestätigen sollte. Gleichzeitig konnte bereits auf Basis der Proben, die bruchauslösende Defekte unterhalb der Probenoberfläche aufwiesen, festgestellt werden, dass Defekte im direkten Kontakt mit dem korrosiven Medium zu einer deutlichen Reduzierung der Bruchlastspielzahl führt. Von besonderem Interesse ist in diesem Fall, wie sich annähernd defektfreie Proben verhalten und ob in diesem Fall ein Wechsel des Korrosionsmechanismus von Spaltkorrosion im Defekt zu Lochkorrosion auf der Oberfläche erfolgt. Die Oberfläche der untersuchten Korrosionsermüdungsproben zeigten nur geringe Anzeichen von Pitting-Bildung, weshalb hier ein deutlich besseres Ermüdungsverhalten in Cl$^-$-haltigen Medien erwartet werden kann. Unabhängig davon ist auch eine weitere statistische Absicherung der bisher erzielten Ergebnisse empfehlenswert, indem weitere Versuche mit den bisherigen Versuchsbedingungen durchgeführt werden.

Um die genauen Mechanismen der Korrosionsermüdung zu identifizieren, müssen insbesondere weitere Versuche zur Charakterisierung der SpRK, wie z. B. statische und zyklische Risswachstumsversuche im Medium durchgeführt werden. In Verbindung damit steht auch eine ausführlichere Analyse der an der Rissspitze ablaufenden verformungsinduzierten Martensitbildung, die in dieser Arbeit nur oberflächlich erfolgt ist.

Publikationen und Präsentationen

Im Themenbereich der Dissertation wurden vom Autor u. a. folgende Fachartikel vorveröffentlicht:

- Stern, F.; Becker, L.; Cui, C.; Tenkamp, J.; Uhlenwinkel, V.; Steinbacher, M.; Boes, J.; Lentz, J.; Fechte-Heinen, R.; Weber, S.; Walther, F.: Improving the defect tolerance of PBF-LB/M processed 316L steel by increasing the nitrogen content. Advanced Engineering Materials, 2200751 (2022) 1–13. DOI: https://doi.org/10.1002/adem.202200751
- Stern, F.; Grabowski, J.; Elspaß, A.; Kotzem, D.; Kleszczynski, S.; Witt, G.; Walther, F.: Influence assessment of artificial defects on the fatigue behavior of additively manufactured stainless steel 316LVM. Procedia Structural Integrity 37, (2022) 153–158. DOI: https://doi.org/10.1016/j.prostr.2022.01.071
- Kotzem, D.; Kleszczynski, S.; Stern, F.; Elspaß, A.; Tenkamp, J.; Witt, G.; Walther, F.: Impact of single structural voids on fatigue properties of AISI 316L manufactured by laser powder bed fusion. International Journal of Fatigue 148, 106207 (2021) 1–10. DOI: https://doi.org/10.1016/j.ijfatigue.2021.106207
- Boes, J.; Röttger, A.; Theisen, W.; Cui, C.; Uhlenwinkel, V.; Schulz, A.; Zoch, H.-W.; Stern, F.; Tenkamp, J.; Walther, F.: Gas atomization and laser additive manufacturing of nitrogen-alloyed martensitic stainless steel. Additive Manufacturing (2020) 101379 1–12. DOI: https://doi.org/10.1016/j.addma.2020.101379

© Der/die Herausgeber bzw. der/die Autor(en), exklusiv lizenziert an Springer 167 Fachmedien Wiesbaden GmbH, ein Teil von Springer Nature 2023
F. J. Stern, *Systematische Bewertung des defektdominierten Ermüdungsverhaltens der additiv gefertigten austenitischen Stähle X2CrNiMo17-12-2 und X2CrNiMo18-15-3*, Werkstofftechnische Berichte I Reports of Materials Science and Engineering, https://doi.org/10.1007/978-3-658-41927-1

- Stern, F.; Grabienski, F.; Walther, F.; Boes, J.; Röttger, A.; Theisen, W.: Influence of powder nitriding on the mechanical behavior of laser-powder bed fusion processed tool steel X30CrMo7-2. Materials Testing 32 (2020) 1, 19–26. DOI: https://doi.org/10.3139/120.111446
- Stern, F.; Tenkamp, J.; Walther, F.: Non-destructive characterization of process-induced defects and their effect on the fatigue behavior of austenitic steel 316L made by laser-powder bed fusion. Progress in Additive Manufacturing 5 (2020) 287–294. DOI: https://doi.org/10.1007/s40964-019-00105-6
- Stern, F.; Kleinhorst, J.; Tenkamp, J.; Walther, F.: Investigation of the anisotropic cyclic damage behavior of selective laser melted AISI 316L stainless steel. Fatigue and Fracture of Engineering Materials and Structures 42 (2019) 2422–2430. DOI: https://doi.org/10.1111/ffe.13029

Im Themenbereich der Dissertation wurden vom Autor u. a. folgende Fachvorträge präsentiert:

- Stern, F.; Cui, C.; Becker, L.; Tenkamp, J.; Uhlenwinkel, V.; Steinbacher, M.; Boes, J.; Lentz, J.; Fechte-Heinen, R.; Weber, S.; Walther, F.: Verbesserung des Ermüdungsverhaltens des mittels PBF-LB/M verarbeiteten Stahls X2CrNiMo17-12-2 durch Erhöhung des Stickstoffgehalts. 3. Fachtagung Werkstoffe und Additive Fertigung, Dresden und Online, 11.–13. Mai (2022).
- Stern, F.; Grabowski, J.; Kleszczynski, S.; Kotzem, D.; Elspaß, A.; Witt, G.; Walther, F.: Influence assessment of artificial defects on the fatigue behavior of additively manufactured stainless steel 316LVM. ICSI2021, Virtual 4th International Conference on Structural Integrity, Web Conference, 30. Aug.–01. Sept. (2021).
- Stern, F.; Kotzem, D.; Walther, F.: Advanced characterization techniques for fatigue life estimation of additively manufactured metal samples and complex geometries. FDMD2020 – Fatigue Design and Material Defects, Web Conference, 26.–28. Mai (2020).
- Stern, F.; Boes, J.; Cui, C.; Schulz, A.; Röttger, A.; Uhlenwinkel, A.; Zoch, H.-W.; Theisen, W.; Walther, F.: Improvement of mechanical strength in additively manufactured nitrogen alloyed steels. TMS 2020 Annual Meeting & Exhibition, San Diego, CA, USA, 23.–27. Febr. (2020).
- Stern, F.; Boes, J.; Röttger, A.; Tenkamp, J.; Theisen, W.; Walther, F.: Charakterisierung des Einflusses eines erhöhten Stickstoffgehalts auf das Ermüdungsverhalten des mittels Laser-Powder Bed Fusion hergestellten Stahls

X2CrNiMo17-12-2. DGM/DVM-AG Materialermüdung, Universität Siegen, Siegen, 24.–25. Okt. (2019).
- Stern, F.; Grabienski, F.; Tenkamp, J.; Walther, F.; Boes, J.; Röttger, A.; Theisen, W.; Schulz, A.; Uhlenwinkel, V.; Zoch, H.-W.: Einfluss des Pulveraufstickens auf die Werkstoffeigenschaften des mittels Laser-powder bed fusion (L-PBF) hergestellten Werkzeugstahls X30CrMo7-2. Werkstoffwoche 2019, Dresden, 18.–20. Sept. (2019).
- Stern, F.; Tenkamp, J.; Walther, F.: Non-destructive characterization of process induced defects and its effect on the fatigue behavior of SLM-processed 316L SS. ACEX 2019 – 13th International Conference on Advanced Computational Engineering and Experimenting, Athens, Greece, 01.–05. Juli (2019).
- Stern, F.; Tenkamp, J.; Walther, F.: Correlation of X-ray CT results for defect characterization with the fatigue behavior of 316L specimens processed by laser powder-bed fusion. Joint German-Swedish Spring Meeting on Basic and Industrial Aspects of Materials Fatigue (DGM/DVM/UTMIS), HAW Hamburg, Hamburg, 07.–08. März (2019).
- Stern, F.; Kleinhorst, J.; Tenkamp, J.; Walther, F.: Einfluss der Baurichtung beim selektiven Laserschmelzen (SLM) auf das Ermüdungsverhalten des austenitischen Stahls AISI 316L. 3. Tagung des DVM-AK Additiv gefertigte Bauteile und Strukturen, Berlin, 07.–08. Nov. (2018).
- Frömel, F.; Kleinhorst, J.; Tenkamp, J.; Walther, F.: Influence of process-induced anisotropy and defects on the fatigue behavior of additively manufactured austenitic steel 316L. NT2F18, 18th International Conference on New Trends in Fatigue and Fracture, Lisbon, Portugal, 17.–20. Juli (2018).
- Frömel, F.; Awd, M.; Tenkamp, J.; Walther, F.; Boes, J.; Geenen, K.; Röttger, A.; Theisen, W.: Untersuchung des Einflusses einer HIP-Nachbehandlung auf den selektiv lasergeschmolzenen (SLM) austenitischen Stahl AISI 316L. Werkstoffe und Additive Fertigung, Potsdam, 25.–26. Apr. (2018).

Studentische Arbeiten

Im Themenbereich der Dissertation wurden vom Autor u. a. folgende studentische Arbeiten betreut:

- Kleinhorst, J.: Untersuchung des Einflusses der prozess-induzierten Anisotropie und Defektverteilung auf das mechanische Verhalten des additive gefertigten austenitischen Stahls AISI 316L. Masterarbeit, Lehrstuhl für Werkstoffprüftechnik, Technische Universität Dortmund (2018).
- Grabienski, F.: Bewertung des Einflusses einer Wärmebehandlung auf das Verformungsverhalten des additive gefertigten, stickstoffhaltigen Werkzeugstahls X30CrMo7-2. Bachelorarbeit, Lehrstuhl für Werkstoffprüftechnik, Technische Universität Dortmund (2019).
- Grabowski, J.: Bewertung des Ermüdungsverhaltens mittels eines Kitagawa-Takahashi-Diagramms auf Basis künstlicher Defekte im additiv gefertigtem Stahl X2CrNiMo18-15-3. Fachwissenschaftliche Projektarbeit, Lehrstuhl für Werkstoffprüftechnik, Technische Universität Dortmund (2021).

Den Studierenden danke ich für die geleisteten Beiträge.

Curriculum Vitae

Persönliche Angaben

Name: Felix Julian Stern, geb. Frömel
Geburtsdatum/-ort: 02.10.1991 in Bad Homburg vor der Höhe
Familienstand: verheiratet

Akademische Ausbildung

2002–2010   Abitur, Kaiserin-Friedrich-Gymnasium, Bad Homburg vor der Höhe
2011–2014   B.Sc. Nano- und Materialwissenschaften, Westfälische Hochschule, Recklinghausen
2014–2017   M.Sc. Materialwissenschaft und Werkstofftechnik, Universität Siegen
2017–2022   Dr.-Ing. Maschinenbau, Technische Universität Dortmund

Beruflicher Werdegang

2012–2014   Studentische Hilfskraft, Westfälische Hochschule, Recklinghausen
2017–2022   Wissenschaftlicher Mitarbeiter, Lehrstuhl für Werkstoffprüftechnik, Technische Universität Dortmund

Literaturverzeichnis

1. Gebhardt, A.; Kessler, J.; Schwarz, A.: Produktgestaltung für die additive Fertigung Hanser München, ISBN 9783446461338 (2019) (Hanser eLibrary). DOI: https://doi.org/10.3139/9783446461338.
2. N.N. (2020): Additive Fertigung. Hg. v. Statista. Online verfügbar unter https://de.statista.com/statistik/studie/id/29177/dokument/additive-fertigung-statista-dossier/, zuletzt geprüft am 14.07.2022.
3. DIN EN ISO 17296-2:2016-12, Additive Fertigung – Grundlagen – Teil 2: Überblick über Prozesskategorien und Ausgangswerkstoffe (ISO 17296-2:2015); Deutsche Fassung EN ISO 17296-2:2016. DOI: https://doi.org/10.31030/2580024.
4. DIN EN ISO/ASTM 52900:2022-03, Additive Fertigung – Grundlagen – Terminologie (ISO/ASTM 52900:2021); Deutsche Fassung EN ISO/ASTM 52900:2021 – Additive Fertigung – Grundlagen – Terminologie. DOI: https://doi.org/10.31030/3290011.
5. Jing, L.; Li; Cheng, K. w.; Wang, F.; Shi, J. W.: Application of selective laser melting technology based on titanium alloy in aerospace products. IOP Conf. Ser.: Mater. Sci. Eng. 740 (1) (2020), 12056. DOI: https://doi.org/10.1088/1757-899X/740/1/012056.
6. Geenen, K.: Werkstofftechnische Charakterisierung austenitischer und martensitischer Stähle nach dem selektiven Laserschmelzen. Dissertation (2018), Bochum. URN: urn:nbn:de:hbz:294-60876
7. Zhang, B.; Dembinski, L.; Coddet, C.: The study of the laser parameters and environment variables effect on mechanical properties of high compact parts elaborated by selective laser melting 316L powder. Materials Science and Engineering: A 584 (2013), 21–31. DOI: https://doi.org/10.1016/j.msea.2013.06.055.
8. Herzog, D.; Seyda, V.; Wycisk, E.; Emmelmann, C.: Additive manufacturing of metals. Acta Materialia 117 (2016), 371–392. DOI: https://doi.org/10.1016/j.actamat.2016.07.019.

© Der/die Herausgeber bzw. der/die Autor(en), exklusiv lizenziert an Springer Fachmedien Wiesbaden GmbH, ein Teil von Springer Nature 2023
F. J. Stern, *Systematische Bewertung des defektdominierten Ermüdungsverhaltens der additiv gefertigten austenitischen Stähle X2CrNiMo17-12-2 und X2CrNiMo18-15-3*, Werkstofftechnische Berichte | Reports of Materials Science and Engineering, https://doi.org/10.1007/978-3-658-41927-1

175

9. Seifi, M.; Salem, A.; Beuth, J.; Harrysson, O.; Lewandowski, J. J.: Overview of materials qualification needs for metal additive manufacturing. JOM 68 (3) (2016), 747–764. DOI: https://doi.org/10.1007/s11837-015-1810-0.

10. Zhang, D.; Sun, S.; Qiu, D.; Gibson, M. A.; Dargusch, M. S.; Brandt, M.; Qian, M.; Easton, M.: Metal alloys for fusion-based additive manufacturing. Adv. Eng. Mater. 20 (5) (2018), 1700952. DOI: https://doi.org/10.1002/adem.201700952.

11. Boes, J.; Röttger, A.; Mutke, C.; Escher, C.; Theisen, W.: Microstructure and mechanical properties of X65MoCrWV3-2 cold-work tool steel produced by selective laser melting. Additive Manufacturing 23 (2018), 170–180. DOI: https://doi.org/10.1016/j.addma.2018.08.005.

12. Krell, J.; Röttger, A.; Geenen, K.; Theisen, W.: General investigations on processing tool steel X40CrMoV5-1 with selective laser melting. Journal of Materials Processing Technology 255 (2018), 679–688. DOI: https://doi.org/10.1016/j.jmatprotec.2018.01.012.

13. Laakso, P.; Riipinen, T.; Laukkanen, A.; Andersson, T.; Jokinen, A.; Revuelta, A.; Ruusuvuori, K.: Optimization and simulation of SLM process for high density H13 tool steel parts. Physics Procedia 83 (2016), 26–35. DOI: https://doi.org/10.1016/j.phpro.2016.08.004.

14. Casalino, G.; Campanelli, S. L.; Contuzzi, N.; Ludovico, A. D.: Experimental investigation and statistical optimisation of the selective laser melting process of a maraging steel. Optics & Laser Technology 65 (2015), 151–158. DOI: https://doi.org/10.1016/j.optlastec.2014.07.021.

15. DebRoy, T.; Wei, H. L.; Zuback, J. S.; Mukherjee, T.; Elmer, J. W.; Milewski, J. O.; Beese, A. M.; Wilson-Heid, A.; De, A.; Zhang, W.: Additive manufacturing of metallic components – Process, structure and properties. Progress in Materials Science 92 (2018), 112–224. DOI: https://doi.org/10.1016/j.pmatsci.2017.10.001.

16. ASTM A240/A240M-22: Specification for Chromium and Chromium-Nickel Stainless Steel Plate, Sheet, and Strip for Pressure Vessels and for General Applications. DOI: https://doi.org/10.1520/A0240_A0240M-22.

17. DIN EN 10088-3:2014-12, Nichtrostende Stähle – Teil 3: Technische Lieferbedingungen für Halbzeug, Stäbe, Walzdraht, gezogenen Draht, Profile und Blankstahlerzeugnisse aus korrosionsbeständigen Stählen für allgemeine Verwendung; Deutsche Fassung EN 10088-3:2014 (2014). DOI: https://doi.org/10.31030/2102108.

18. Astafurov, S.; Astafurova, E.: Phase composition of austenitic stainless steels in additive manufacturing: A review. Metals 11 (7) (2021), 1052. DOI: https://doi.org/10.3390/met11071052.

19. Kalinin, G.; Barabash, V.; Cardella, A.; Dietz, J.; Ioki, K.; Matera, R.; Santoro, R. T.; Tivey, R.: Assessment and selection of materials for ITER in-vessel components. Journal of Nuclear Materials 283–287 (2000), 10–19. DOI: https://doi.org/10.1016/S0022-3115(00)00305-6.

20. Rodchenkov, B.; Strebkov, Y.; Kalinin, G.; Golosov, O.: Effect of ITER blanket manufacturing process on the properties of the 316L(N)-IG steel. Fusion Engineering and Design 49–50 (2000), 657–660. DOI: https://doi.org/10.1016/S0920-3796(00)00359-8.

21. Berns, H.; Theisen, W.: Eisenwerkstoffe – Stahl und Gusseisen Springer Berlin Heidelberg Berlin, Heidelberg, ISBN 978-3-540-79955-9 (2008). DOI: https://doi.org/10.1007/978-3-540-79957-3.

22. Jacob, G. (2018): Prediction of solidification phases in Cr-Ni stainless steel alloys manufactured by laser based powder bed fusion process. NIST Advanced Manufacturing Series 100–14. DOI: https://doi.org/10.6028/NIST.AMS.100-14.

23. Suutala, N.; Takalo, T.; Moisio, T.: The relationship between solidification and microstructure in austenitic and austenitic-ferritic stainless steel welds. MTA 10 (4) (1979), 512–514. DOI: https://doi.org/10.1007/BF02697081.

24. Großwendt, F.; Becker, L.; Röttger, A.; Chehreh, A. B.; Strauch, A. L.; Uhlenwinkel, V.; Lentz, J.; Walther, F.; Fechte-Heinen, R.; Weber, S.; Theisen, W.: Impact of the allowed compositional range of additively manufactured 316L stainless steel on processability and material properties. Materials 14 (15) (2021). DOI: https://doi.org/10.3390/ma14154074.

25. Souza Silva, E. M. F. de; Da Fonseca, G. S.; Ferreira, E. A.: Microstructural and selective dissolution analysis of 316L austenitic stainless steel. Journal of Materials Research and Technology 15 (2021), 4317–4329. DOI: https://doi.org/10.1016/j.jmrt.2021.10.009.

26. Lin, Y. C.; Chen, P. Y.: Effect of nitrogen content and retained ferrite on the residual stress in austenitic stainless steel weldments. Materials Science and Engineering: A 307 (1–2) (2001), 165–171. DOI: https://doi.org/10.1016/S0921-5093(00)01821-9.

27. Man, J.; Obrtlík, K.; Petrenec, M.; Beran, P.; Smaga, M.; Weidner, A.; Dluhoš, J.; Kruml, T.; Biermann, H.; Eifler, D.; Polák, J.: Stability of austenitic 316L steel against martensitic formation during cyclic straining. Procedia Engineering 10 (2011), 1279–1284. DOI: https://doi.org/10.1016/j.proeng.2011.04.213.

28. Manjanna, J.; Kobayashi, S.; Kamada, Y.; Takahashi, S.; Kikuchi, H.: Martensitic transformation in SUS 316LN austenitic stainless steel at RT. J Mater Sci 43 (8) (2008), 2659–2665. DOI: https://doi.org/10.1007/s10853-008-2494-4.

29. Angel, T.: Formation of martensite in austenitic stainless steels – Effects of deformation, temperature, and composition. Journal of the Iron and Steel institute (177) (1954), 165–174.

30. Harvey, P.D. (Hg.): Engineering properties of steel. ASM International, Materials Park, Ohio, ISBN 978-0-87170-144-2 (1982).

31. Woldman, N. E.: Woldman's engineering alloys. 9. ed., 1. print ASM International, Materials Park, Ohio, ISBN 978-0-87170-691-1 (2000).

32. ASM International: ASM Handbook, Volume 1: Properties and selection: Irons, steels, and high-performance alloys. 10. ed. ASM International, Materials Park, Ohio, ISBN 978-0-87170-377-4 (1990).

33. Mutke, C.; Geenen, K.; Röttger, A.; Theisen, W.: Interaction between laser radiation and metallic powder of 316L austenitic steel during selective laser melting. Materials Characterization 145 (2018), 337–346. DOI: https://doi.org/10.1016/j.matchar.2018.08.061.

34. Röttger, A.; Boes, J.; Theisen, W.; Thiele, M.; Esen, C.; Edelmann, A.; Hellmann, R.: Microstructure and mechanical properties of 316L austenitic stainless steel processed by different SLM devices. Int J Adv Manuf Technol 108 (3) (2020), 769–783. DOI: https://doi.org/10.1007/s00170-020-05371-1.

35. Alsalla, H. H.; Smith, C.; Hao, L.: Effect of build orientation on the surface quality, microstructure and mechanical properties of selective laser melting 316L stainless

steel. Rapid Prototyping Journal 24 (1) (2018), 9–17. DOI: https://doi.org/10.1108/RPJ-04-2016-0068.

36. Cherry, J. A.; Davies, H. M.; Mehmood, S.; Lavery, N. P.; Brown, S. G. R.; Sienz, J.: Investigation into the effect of process parameters on microstructural and physical properties of 316L stainless steel parts by selective laser melting. Int J Adv Manuf Technol 76 (5–8) (2015), 869–879. DOI: https://doi.org/10.1007/s00170-014-6297-2.

37. Choo, H.; Sham, K.-L.; Bohling, J.; Ngo, A.; Xiao, X.; Ren, Y.; Depond, P. J.; Matthews, M. J.; Garlea, E.: Effect of laser power on defect, texture, and microstructure of a laser powder bed fusion processed 316L stainless steel. Materials & Design 164 (2019), 107534. DOI: https://doi.org/10.1016/j.matdes.2018.12.006.

38. Greco, S.; Gutzeit, K.; Hotz, H.; Kirsch, B.; Aurich, J. C.: Selective laser melting (SLM) of AISI 316L – impact of laser power, layer thickness, and hatch spacing on roughness, density, and microhardness at constant input energy density. Int J Adv Manuf Technol 108 (5–6) (2020), 1551–1562. DOI: https://doi.org/10.1007/s00170-020-05510-8.

39. Kurzynowski, T.; Gruber, K.; Stopyra, W.; Kuźnicka, B.; Chlebus, E.: Correlation between process parameters, microstructure and properties of 316 L stainless steel processed by selective laser melting. Materials Science and Engineering: A 718 (2018), 64–73. DOI: https://doi.org/10.1016/j.msea.2018.01.103.

40. Liverani, E.; Toschi, S.; Ceschini, L.; Fortunato, A.: Effect of selective laser melting (SLM) process parameters on microstructure and mechanical properties of 316L austenitic stainless steel. Journal of Materials Processing Technology 249 (2017), 255–263. DOI: https://doi.org/10.1016/j.jmatprotec.2017.05.042.

41. Tolosa, I.; Garciandía, F.; Zubiri, F.; Zapirain, F.; Esnaola, A.: Study of mechanical properties of AISI 316 stainless steel processed by "selective laser melting", following different manufacturing strategies. Int J Adv Manuf Technol 51 (5–8) (2010), 639–647. DOI: https://doi.org/10.1007/s00170-010-2631-5.

42. Spears, T. G.; Gold, S. A.: In-process sensing in selective laser melting (SLM) additive manufacturing. Integr Mater Manuf Innov 5 (1) (2016), 16–40. DOI: https://doi.org/10.1186/s40192-016-0045-4.

43. Chua, C. K.: Standards, quality control, and measurement sciences in 3D printing and additive manufacturing. Elsevier Science San Diego, ISBN 978-0-12-813489-4 (2017).

44. Röttger, A.; Geenen, K.; Windmann, M.; Binner, F.; Theisen, W.: Comparison of microstructure and mechanical properties of 316 L austenitic steel processed by selective laser melting with hot-isostatic pressed and cast material. Materials Science and Engineering: A 678 (2016), 365–376. DOI: https://doi.org/10.1016/j.msea.2016.10.012.

45. Hitzler, L.; Hirsch, J.; Heine, B.; Merkel, M.; Hall, W.; Öchsner, A.: On the anisotropic mechanical properties of selective laser-melted stainless steel. Materials 10 (10) (2017). DOI: https://doi.org/10.3390/ma10101136.

46. Wang, Y. M.; Voisin, T.; McKeown, J. T.; Ye, J.; Calta, N. P.; Li, Z.; Zeng, Z.; Zhang, Y.; Chen, W.; Roehling, T. T.; Ott, R. T.; Santala, M. K.; Depond, P. J.; Matthews, M. J.; Hamza, A. V.; Zhu, T.: Additively manufactured hierarchical stainless steels with high strength and ductility. Nature materials 17 (1) (2018), 63–71. DOI: https://doi.org/10.1038/nmat5021.

47. Casati, R.; Lemke, J.; Vedani, M.: Microstructure and fracture behavior of 316L auste-
     nitic stainless steel produced by selective laser melting. Journal of Materials Science &
     Technology 32 (8) (2016), 738–744. DOI: https://doi.org/10.1016/j.jmst.2016.06.016.
48. Jeon, J. M.; Park, J. M.; Yu, J.-H.; Kim, J. G.; Seong, Y.; Park, S. H.; Kim, H. S.:
     Effects of microstructure and internal defects on mechanical anisotropy and asymmetry
     of selective laser-melted 316L austenitic stainless steel. Materials Science and Engi-
     neering: A 763 (2019), 138152. DOI: https://doi.org/10.1016/j.msea.2019.138152.
49. Ueno, H.; Kakihata, K.; Kaneko, Y.; Hashimoto, S.; Vinogradov, A.: Nanostructuriza-
     tion assisted by twinning during equal channel angular pressing of metastable 316L
     stainless steel. J Mater Sci 46 (12) (2011), 4276–4283. DOI: https://doi.org/10.1007/
     s10853-011-5303-4.
50. Yan, F. K.; Liu, G. Z.; Tao, N. R.; Lu, K.: Strength and ductility of 316L austenitic
     stainless steel strengthened by nano-scale twin bundles. Acta Materialia 60 (3) (2012),
     1059–1071. DOI: https://doi.org/10.1016/j.actamat.2011.11.009.
51. Voisin, T.; Forien, J.-B.; Perron, A.; Aubry, S.; Bertin, N.; Samanta, A.; Baker, A.;
     Wang, Y. M.: New insights on cellular structures strengthening mechanisms and ther-
     mal stability of an austenitic stainless steel fabricated by laser powder-bed-fusion. Acta
     Materialia 203 (2021), 116476. DOI: https://doi.org/10.1016/j.actamat.2020.11.018.
52. Zhong, Y.; Liu, L.; Wikman, S.; Cui, D.; Shen, Z.: Intragranular cellular segregation
     network structure strengthening 316L stainless steel prepared by selective laser mel-
     ting. Journal of Nuclear Materials 470 (2016), 170–178. DOI: https://doi.org/10.1016/
     j.jnucmat.2015.12.034.
53. Stern, F.; Kleinhorst, J.; Tenkamp, J.; Walther, F.: Investigation of the anisotropic cyclic
     damage behavior of selective laser melted AISI 316L stainless steel. Fatigue Fract Eng
     Mater Struct 42 (11) (2019), 2422–2430. DOI: https://doi.org/10.1111/ffe.13029.
54. Di Wang; Song, C.; Yang, Y.; Bai, Y.: Investigation of crystal growth mechanism during
     selective laser melting and mechanical property characterization of 316L stainless steel
     parts. Materials & Design 100 (2016), 291–299. DOI: https://doi.org/10.1016/j.matdes.
     2016.03.111.
55. Andreau, O.; Koutiri, I.; Peyre, P.; Penot, J.-D.; Saintier, N.; Pessard, E.; Terris, T. de;
     Dupuy, C.; Baudin, T.: Texture control of 316L parts by modulation of the melt pool
     morphology in selective laser melting. Journal of Materials Processing Technology 264
     (2019), 21–31. DOI: https://doi.org/10.1016/j.jmatprotec.2018.08.049.
56. Uddin, M. J.; Ramirez-Cedillo, E.; Mirshams, R. A.; Siller, H. R.: Nanoindentation and
     electron backscatter diffraction mapping in laser powder bed fusion of stainless steel
     316L. Materials Characterization 174 (2021), 111047. DOI: https://doi.org/10.1016/j.
     matchar.2021.111047.
57. Saeidi, K.; Gao, X.; Zhong, Y.; Shen, Z. J.: Hardened austenite steel with columnar
     sub-grain structure formed by laser melting. Materials Science and Engineering: A 625
     (2015), 221–229. DOI: https://doi.org/10.1016/j.msea.2014.12.018.
58. Wang, G.; Ouyang, H.; Fan, C.; Guo, Q.; Li, Z.; Yan, W.; Li, Z.: The origin of high-
     density dislocations in additively manufactured metals. Materials Research Letters 8
     (8) (2020), 283–290. DOI: https://doi.org/10.1080/21663831.2020.1751739.
59. Gray, G. T.; Livescu, V.; Rigg, P. A.; Trujillo, C. P.; Cady, C. M.; Chen, S. R.; Car-
     penter, J. S.; Lienert, T. J.; Fensin, S. J.: Structure/property (constitutive and spallation

response) of additively manufactured 316L stainless steel. Acta Materialia 138 (2017), 140–149. DOI: https://doi.org/10.1016/j.actamat.2017.07.045.

60. Pinto, F. C.; Souza Filho, I. R.; Sandim, M.; Sandim, H.: Defects in parts manufactured by selective laser melting caused by δ-ferrite in reused 316L steel powder feedstock. Additive Manufacturing 31 (2020), 100979. DOI: https://doi.org/10.1016/j.addma.2019.100979.

61. Verein Deutscher Ingenieure e.V.: VDI 3405 Blatt 2.8 – Entwurf – Additive Fertigungsverfahren – Pulverbettbasiertes Schmelzen von Metall mittels Laserstrahl (PBF-LB/M) – Fehlerkatalog – Fehlerbilder beim Laser-Strahlschmelzen 25.030 (3405) (2021).

62. Stern, F.; Grabienski, F.; Walther, F.; Boes, J.; Röttger, A.; Theisen, W.: Influence of powder nitriding on the mechanical behavior of laser-powder bed fusion processed tool steel X30CrMo7-2. Materials Testing 62 (1) (2020), 19–26. DOI: https://doi.org/10.3139/120.111446.

63. Wilson-Heid, A. E.; Novak, T. C.; Beese, A. M.: Characterization of the effects of internal pores on tensile properties of additively manufactured austenitic stainless steel 316L. Exp Mech 59 (6) (2019), 793–804. DOI: https://doi.org/10.1007/s11340-018-00465-0.

64. Ronneberg, T.; Davies, C. M.; Hooper, P. A.: Revealing relationships between porosity, microstructure and mechanical properties of laser powder bed fusion 316L stainless steel through heat treatment. Materials & Design 189 (2020), 108481. DOI: https://doi.org/10.1016/j.matdes.2020.108481.

65. Pham, M. S.; Dovgyy, B.; Hooper, P. A.: Twinning induced plasticity in austenitic stainless steel 316L made by additive manufacturing. Materials Science and Engineering: A 704 (2017), 102-111. DOI: https://doi.org/10.1016/j.msea.2017.07.082.

66. Jaskari, M.; Ghosh, S.; Miettunen, I.; Karjalainen, P.; Järvenpää, A.: Tensile properties and deformation of AISI 316L additively manufactured with various energy densities. Materials 14 (19) (2021). DOI: https://doi.org/10.3390/ma14195809.

67. Scheffler, M.; Callister, W. D.; Rethwisch, D. G.: Materialwissenschaften und Werkstofftechnik – Eine Einführung. 1. Auflage Wiley-VCH Weinheim, ISBN 978-3-527-33007-2 (2013).

68. Christ, H.-J.: Ermüdungsverhalten metallischer Werkstoffe – Lehrinhalt und Vortragstexte eines Fortbildungsseminars der Deutschen Gesellschaft für Materialkunde e.V. Werkstoff-Informationsgesellschaft Frankfurt Main, ISBN 3-88355-262-3 (1998).

69. Krupp, U.: Mikrostrukturelle Aspekte der Rissinitiierung und -ausbreitung in metallischen Werkstoffen. Habilitationsschrift (2004), Siegen. URN: urn:nbn:de:hbz:467-922

70. Silitonga, S.; Maljaars, J.; Soetens, F.; Snijder, H. H.: Survey on damage mechanics models for fatigue life prediction. Heron 58(1) (2013), 25-60.

71. Man, J.; Klapetek, P.; Man, O.; Weidner†, A.; Obrtlík, K.; Polák, J.: Extrusions and intrusions in fatigued metals. Part 2. AFM and EBSD study of the early growth of extrusions and intrusions in 316L steel fatigued at room temperature. Philosophical Magazine 89 (16) (2009), 1337–1372. DOI: https://doi.org/10.1080/147864309029 17624.

72. Polák, J.; Kuběna, I.; Man, J.: The shape of early persistent slip markings in fatigued 316L steel. Materials Science and Engineering: A 564 (2013), 8-12. DOI: https://doi.org/10.1016/j.msea.2012.11.086.

73. Paris, P.; Erdogan, F.: A Critical analysis of crack propagation laws. Journal of Basic Engineering 85 (4) (1963), 528-533. DOI: https://doi.org/10.1115/1.3656900.

74. Müller-Bollenhagen, C.: Verformungsinduzierte Martensitbildung bei mehrstufiger Umformung und deren Nutzung zur Optimierung der HCF- und VHCF-Eigenschaften von austenitischem Edelstahlblech. Dissertation (2012), Siegen. URN: urn:nbn:de:hbz:467–5818

75. Tenkamp, J.; Stern, F.; Walther, F.: Uniform fatigue damage tolerance assessment for additively manufactured and cast Al-Si alloys: An elastic-plastic fracture mechanical approach. Additive Manufacturing Letters 3 (2022), 100054. DOI: https://doi.org/10.1016/j.addlet.2022.100054.

76. Afkhami, S.; Dabiri, M.; Alavi, S. H.; Björk, T.; Salminen, A.: Fatigue characteristics of steels manufactured by selective laser melting. International Journal of Fatigue 122 (2019), 72-83. DOI: https://doi.org/10.1016/j.ijfatigue.2018.12.029.

77. Wycisk, E.; Solbach, A.; Siddique, S.; Herzog, D.; Walther, F.; Emmelmann, C.: Effects of defects in laser additive manufactured Ti-6Al-4V on fatigue properties. Physics Procedia 56 (2014), 371-378. DOI: https://doi.org/10.1016/j.phpro.2014.08.120.

78. Gorsse, S.; Hutchinson, C.; Gouné, M.; Banerjee, R.: Additive manufacturing of metals: a brief review of the characteristic microstructures and properties of steels, Ti-6Al-4V and high-entropy alloys. Science and technology of advanced materials 18 (1) (2017), 584-610. DOI: https://doi.org/10.1080/14686996.2017.1361305.

79. Solberg, K.; Guan, S.; Razavi, S. M. J.; Welo, T.; Chan, K. C.; Berto, F.: Fatigue of additively manufactured 316L stainless steel: The influence of porosity and surface roughness. Fatigue Fract Eng Mater Struct 42 (9) (2019), 2043-2052. DOI: https://doi.org/10.1111/ffe.13077.

80. Elangeswaran, C.; Cutolo, A.; Muralidharan, G. K.; Formanoir, C. de; Berto, F.; Vanmeensel, K.; van Hooreweder, B.: Effect of post-treatments on the fatigue behaviour of 316L stainless steel manufactured by laser powder bed fusion. International Journal of Fatigue 123 (2019), 31-39. DOI: https://doi.org/10.1016/j.ijfatigue.2019.01.013.

81. Afkhami, S.; Dabiri, M.; Piili, H.; Björk, T.: Effects of manufacturing parameters and mechanical post-processing on stainless steel 316L processed by laser powder bed fusion. Materials Science and Engineering: A 802 (2021), 140660. DOI: https://doi.org/10.1016/j.msea.2020.140660.

82. Blinn, B.; Krebs, F.; Ley, M.; Teutsch, R.; Beck, T.: Determination of the influence of a stress-relief heat treatment and additively manufactured surface on the fatigue behavior of selectively laser melted AISI 316L by using efficient short-time procedures. International Journal of Fatigue 131 (2020), 105301. DOI: https://doi.org/10.1016/j.ijfatigue.2019.105301.

83. Riemer, A.; Leuders, S.; Thöne, M.; Richard, H. A.; Tröster, T.; Niendorf, T.: On the fatigue crack growth behavior in 316L stainless steel manufactured by selective laser melting. Engineering Fracture Mechanics 120 (2014), 15-25. DOI: https://doi.org/10.1016/j.engfracmech.2014.03.008.

84. Blinn, B.; Ley, M.; Buschhorn, N.; Teutsch, R.; Beck, T.: Investigation of the anisotropic fatigue behavior of additively manufactured structures made of AISI 316L with short-time procedures PhyBaLLIT and PhyBaLCHT. International Journal of Fatigue 124 (2019), 389-399. DOI: https://doi.org/10.1016/j.ijfatigue.2019.03.022.

85. Uhlmann, E.; Fleck, C.; Gerlitzky, G.; Faltin, F.: Dynamical fatigue behavior of additive manufactured products for a fundamental life cycle approach. Procedia CIRP 61 (2017), 588-593. DOI: https://doi.org/10.1016/j.procir.2016.11.138.

86. Roirand, H.; Malard, B.; Hor, A.; Saintier, N.: Effect of laser scan pattern in laser powder bed fusion process: The case of 316L stainless steel. Procedia Structural Integrity 38 (2022), 149-158. DOI: https://doi.org/10.1016/j.prostr.2022.03.016.

87. Liang, X.; Hor, A.; Robert, C.; Salem, M.; Morel, F.: Correlation between microstructure and cyclic behavior of 316L stainless steel obtained by Laser Powder Bed Fusion. Fatigue Fract Eng Mat Struct 45 (5) (2022), 1505-1520. DOI: https://doi.org/10.1111/ffe.13684.

88. Spierings, A. B.; Starr, T. L.; Wegener, K.: Fatigue performance of additive manufactured metallic parts. Rapid Prototyping Journal 19 (2) (2013), 88-94. DOI: https://doi.org/10.1108/13552541311302932.

89. Romano, S.; Brandão, A.; Gumpinger, J.; Gschweitl, M.; Beretta, S.: Qualification of AM parts: Extreme value statistics applied to tomographic measurements. Materials & Design 131 (2017), 32-48. DOI: https://doi.org/10.1016/j.matdes.2017.05.091.

90. Beretta, S.; Romano, S.: A comparison of fatigue strength sensitivity to defects for materials manufactured by AM or traditional processes. International Journal of Fatigue 94 (2017), 178-191. DOI: https://doi.org/10.1016/j.ijfatigue.2016.06.020.

91. Andreau, O.; Pessard, E.; Koutiri, I.; Penot, J.-D.; Dupuy, C.; Saintier, N.; Peyre, P.: A competition between the contour and hatching zones on the high cycle fatigue behaviour of a 316L stainless steel: Analyzed using X-ray computed tomography. Materials Science and Engineering: A 757 (2019), 146-159. DOI: https://doi.org/10.1016/j.msea.2019.04.101.

92. Michel, D. J.; Smith, H. H.: Fatigue crack propagation in type 316 stainless steel in vacuum and air environments. Journal of Nuclear Materials 104 (1981), 871-875. DOI: https://doi.org/10.1016/0022-3115(82)90709-7.

93. Sadananda, K.; Shahinian, P.: Effect of environment on crack growth behavior in austenitic stainless steels under creep and fatigue conditions. MTA 11 (2) (1980), 267-276. DOI: https://doi.org/10.1007/BF02660631.

94. Takeda, T.; Shindo, Y.; Narita, F.: Vacuum crack growth behavior of austenitic stainless steel under fatigue loading. Strength Mater 43 (5) (2011), 532-536. DOI: https://doi.org/10.1007/s11223-011-9324-7.

95. Zhang, M.; Sun, C.-N.; Zhang, X.; Goh, P. C.; Wei, J.; Hardacre, D.; Li, H.: Fatigue and fracture behaviour of laser powder bed fusion stainless steel 316L: Influence of processing parameters. Materials Science and Engineering: A 703 (2017), 251-261. DOI: https://doi.org/10.1016/j.msea.2017.07.071.

96. Murakami, Y.; Endo, M.: Effects of defects, inclusions and inhomogeneities on fatigue strength. International Journal of Fatigue 16 (3) (1994), 163-182. DOI: https://doi.org/10.1016/0142-1123(94)90001-9.

97. Zerbst, U.; Madia, M.; Klinger, C.; Bettge, D.; Murakami, Y.: Defects as a root cause of fatigue failure of metallic components. I: Basic aspects. Engineering Failure Analysis 97 (2019), 777–792. DOI: https://doi.org/10.1016/j.engfailanal.2019.01.055.

98. Zerbst, U.; Madia, M.; Klinger, C.; Bettge, D.; Murakami, Y.: Defects as a root cause of fatigue failure of metallic components. II: Non-metallic inclusions. Engineering

Failure Analysis 98 (2019), 228–239. DOI: https://doi.org/10.1016/j.engfailanal.2019.01.054.

99. Zerbst, U.; Madia, M.; Klinger, C.; Bettge, D.; Murakami, Y.: Defects as a root cause of fatigue failure of metallic components. III: Cavities, dents, corrosion pits, scratches. Engineering Failure Analysis 97 (2019), 759–776. DOI: https://doi.org/10.1016/j.engfailanal.2019.01.034.

100. Nadot, Y.: Fatigue from defect: Influence of size, type, position, morphology and loading. International Journal of Fatigue 154 (2022), 106531. DOI: https://doi.org/10.1016/j.ijfatigue.2021.106531.

101. Murakami, Y.: Metal fatigue – Effects of small defects and nonmetallic inclusions. 1. ed. Elsevier Amsterdam, ISBN 978–0–08044–064–4 (2002).

102. Beretta, S.; Murakami, Y.: Largest-extreme-value distribution analysis of multiple inclusion types in determining steel cleanliness. Metall and Materi Trans B 32 (3) (2001), 517-523. DOI: https://doi.org/10.1007/s11663-001-0036-4.

103. Stern, F.; Tenkamp, J.; Walther, F.: Non-destructive characterization of process-induced defects and their effect on the fatigue behavior of austenitic steel 316L made by laser-powder bed fusion. Prog Addit Manuf 5 (3) (2020), 287-294. DOI: https://doi.org/10.1007/s40964-019-00105-6.

104. Noguchi, H.; Morishige, K.; Fujii, T.; Kawazoe, T.; Hamada, S.: Proposal of method for estimation of threshold stress intensity factor range on small crack for light metals. Proceedings of the 56th JSMS Annual Meetings (2007), 137–138.

105. Liu, Y. B.; Yang, Z. G.; Li, Y. D.; Chen, S. M.; Li, S. X.; Hui, W. J.; Weng, Y. Q.: Dependence of fatigue strength on inclusion size for high-strength steels in very high cycle fatigue regime. Materials Science and Engineering: A 517 (1-2) (2009), 180-184. DOI: https://doi.org/10.1016/j.msea.2009.03.057.

106. Shiozawa, K.; Murai, M.; Shimatani, Y.; Yoshimoto, T.: Transition of fatigue failure mode of Ni–Cr–Mo low-alloy steel in very high cycle regime. International Journal of Fatigue 32 (3) (2010), 541-550. DOI: https://doi.org/10.1016/j.ijfatigue.2009.06.011.

107. Lu, L. T.; Zhang, J. W.; Shiozawa, K.: Influence of inclusion size on S-N curve characteristics of high-strength steels in the giga-cycle fatigue regime. Fatigue Fract Eng Mat Struct 32 (8) (2009), 647-655. DOI: https://doi.org/10.1111/j.1460-2695.2009.01370.x.

108. Shiozawa, K.; Lu, L.: Effect of non-metallic inclusion size and residual stresses on gigacycle fatigue properties in high strength steel. AMR 44-46 (2008), 33-42. DOI: https://doi.org/10.4028/www.scientific.net/AMR.44-46.33.

109. Kaesche, H.: Die Korrosion der Metalle. Springer Berlin Heidelberg, ISBN 978-3-642-18427-7 (2011). DOI: https://doi.org/10.1007/978-3-642-18428-4.

110. H.S. Khatak; Baldev Raj: Corrosion of austenitic stainless steels – Mechanism, mitigation and monitoring. Woodhead Publ Cambridge, ISBN 978-1-85573-613-9 (2002).

111. Lodhi, M.; Deen, K. M.; Haider, W.: Corrosion behavior of additively manufactured 316L stainless steel in acidic media. Materialia 2 (2018), 111-121. DOI: https://doi.org/10.1016/j.mtla.2018.06.015.

112. Roos, E.; Maile, K.: Werkstoffkunde für Ingenieure. Springer Berlin Heidelberg, ISBN 978-3-540-68398-8 (2008). DOI: https://doi.org/10.1007/978-3-540-68403-9.

113. Lo, K. H.; Shek, C. H.; Lai, J.: Recent developments in stainless steels. Materials Science and Engineering: R: Reports 65 (4-6) (2009), 39-104. DOI: https://doi.org/10. 1016/j.mser.2009.03.001.

114. Pedeferri, P.: Corrosion science and engineering. Springer International Publishing Cham, ISBN 978–3–319–97624–2 (2018). DOI: https://doi.org/10.1007/978-3-319-97625-9.

115. Mudali, U. K.; Pujar, M. G.: Pitting corrosion of austenitic stainless steels and their weldments. In: H.S. Khatak und Baldev Raj (Hg.): Corrosion of austenitic stainless steels. Mechanism, mitigation and monitoring. Cambridge: Woodhead Publ (2002), 74–105. DOI: https://doi.org/10.1533/9780857094018.106.

116. Dayal, R. K. (2002): Crevice corrosion of stainless steel. In: H.S. Khatak und Baldev Raj (Hg.): Corrosion of Austenitic Stainless Steels: Mechanism, Mitigation and Monitoring. Cambridge: Woodhead Publ (2002), 106–116. DOI: https://doi.org/10.1533/978 0857094018.117.

117. Gnanamoorthy, J. B.: Corrosion of austenitic stainless steels in aqueous environments. Proc. Indian Acad. Sci. (Chem. Sci.) 97 (3–4) (1986), 495–511. DOI: https://doi.org/ 10.1007/BF02849208.

118. Chen, W.; Spätig, P.; Seifert, H.-P.: Fatigue behavior of 316L austenitic stainless steel in air and LWR environment with and without mean stress. MATEC Web Conf. 165 (2018), 3012. DOI: https://doi.org/10.1051/matecconf/201816503012.

119. Lou, X.; Song, M.; Emigh, P. W.; Othon, M. A.; Andresen, P. L.: On the stress corrosion crack growth behaviour in high temperature water of 316L stainless steel made by laser powder bed fusion additive manufacturing. Corrosion Science 128 (2017), 140-153. DOI: https://doi.org/10.1016/j.corsci.2017.09.017.

120. Alyousif, O. M.; Nishimura, R.: The effect of test temperature on SCC behavior of austenitic stainless steels in boiling saturated magnesium chloride solution. Corrosion Science 48 (12) (2006), 4283-4293. DOI: https://doi.org/10.1016/j.corsci.2006.01.014.

121. Taira, M.; Lautenschlager, E. P.: In vitro corrosion fatigue of 316L cold worked stainless steel. Journal of biomedical materials research 26 (9) (1992), 1131-1139. DOI: https://doi.org/10.1002/jbm.820260903.

122. Geenen, K.; Röttger, A.; Theisen, W.: Corrosion behavior of 316L austenitic steel processed by selective laser melting, hot-isostatic pressing, and casting. Materials and Corrosion 68 (7) (2017), 764-775. DOI: https://doi.org/10.1002/maco.201609210.

123. Hemmasian Ettefagh, A.; Guo, S.; Raush, J.: Corrosion performance of additively manufactured stainless steel parts: A review. Additive Manufacturing 37 (2021), 101689. DOI: https://doi.org/10.1016/j.addma.2020.101689.

124. Itzhak, D.; Aghion, E.: Corrosion behaviour of hot-pressed austenitic stainless steel in H2SO4 solutions at room temperature. Corrosion Science 23 (10) (1983), 1085-1094. DOI: https://doi.org/10.1016/0010-938X(83)90090-2.

125. Kong, D.; Dong, C.; Ni, X.; Li, X.: Corrosion of metallic materials fabricated by selective laser melting. npj Mater Degrad 3 (1) (2019). DOI: https://doi.org/10.1038/s41529-019-0086-1.

126. Ni, X.; Kong, D.; Wen, Y.; Zhang, L.; Wu, W.; He, B.; Lu, L.; Zhu, D.: Anisotropy in mechanical properties and corrosion resistance of 316L stainless steel fabricated by selective laser melting. Int J Miner Metall Mater 26 (3) (2019), 319-328. DOI: https://doi.org/10.1007/s12613-019-1740-x.

127. Sander, G.; Thomas, S.; Cruz, V.; Jurg, M.; Birbilis, N.; Gao, X.; Brameld, M.; Hutchinson, C. R.: On the corrosion and metastable pitting characteristics of 316L stainless steel produced by selective laser melting. J. Electrochem. Soc. 164 (6) (2017), C250-C257. DOI: https://doi.org/10.1149/2.0551706jes.

128. Trelewicz, J. R.; Halada, G. P.; Donaldson, O. K.; Manogharan, G.: Microstructure and corrosion resistance of laser additively manufactured 316L stainless steel. JOM 68 (3) (2016), 850-859. DOI: https://doi.org/10.1007/s11837-016-1822-4.

129. Melia, M. A.; Duran, J. G.; Koepke, J. R.; Saiz, D. J.; Jared, B. H.; Schindelholz, E. J.: How build angle and post-processing impact roughness and corrosion of additively manufactured 316L stainless steel. npj Mater Degrad 4 (1) (2020). DOI: https://doi.org/10.1038/s41529-020-00126-5.

130. Cahoon, J. R.; Holte, R. N.: Corrosion fatigue of surgical stainless steel in synthetic physiological solution. Journal of biomedical materials research 15 (2) (1981), 137-145. DOI: https://doi.org/10.1002/jbm.820150203.

131. Maruyama, N.; Mori, D.; Hiromoto, S.; Kanazawa, K.; Nakamura, M.: Fatigue strength of 316L-type stainless steel in simulated body fluids. Corrosion Science 53 (6) (2011), 2222-2227. DOI: https://doi.org/10.1016/j.corsci.2011.03.004.

132. Merot, P.; Morel, F.; Gallegos Mayorga, L.; Pessard, E.; Buttin, P.; Baffie, T.: Observations on the influence of process and corrosion related defects on the fatigue strength of 316L stainless steel manufactured by Laser Powder Bed Fusion (L-PBF). International Journal of Fatigue 155 (2022), 106552. DOI: https://doi.org/10.1016/j.ijfatigue.2021.106552.

133. Gnanasekaran, B.; Song, J.; Vasudevan, V.; Fu, Y.: Corrosion Fatigue Characteristics of 316L Stainless Steel Fabricated by Laser Powder Bed Fusion. Metals 11 (7) (2021), 1046. DOI: https://doi.org/10.3390/met11071046.

134. A. Ghanem, W.; A. Hussein, W.; N. Saeed, S.; M. Bader, S.; M. Abou Shahba, R.: Effect of nitrogen on the corrosion behavior of austenitic stainless steel in chloride solutions. MAS 9 (11) (2015), 119. DOI: https://doi.org/10.5539/mas.v9n11p119.

135. Gammal, T. E.; Abdel-Karim, R.; Walter, M. T.; Wosch, E.; Feldhaus, S.: High nitrogen steels. High nitrogen steel powder for the production of near net shape parts. ISIJ International 36 (7) (1996), 915–921. DOI: https://doi.org/10.2355/isijinternational.36.915.

136. Simmons, J. W.: Overview: High-nitrogen alloying of stainless steels. Materials Science and Engineering: A 207 (2) (1996), 159-169. DOI: https://doi.org/10.1016/0921-5093(95)09991-3.

137. Satir-Kolorz, A. H.; Feichtinger, H. K.: On the solubility of nitrogen in liquid iron and steel alloys using elevated pressure/Über die Löslichkeit von Stickstoff in Eisen- und Stahllegierungen unter erhöhtem Druck. International Journal of Materials Research 82 (9) (1991), 689-697. DOI: https://doi.org/10.1515/ijmr-1991-820904.

138. Gillessen, C.; Heimann, W.; Ladwein, T. L.: Entwicklung, Eigenschaften und Anwendung von konventionell erzeugten hochstickstoffhaltigen austenitischen Stählen. Steel Research 62 (9) (1991), 412-420. DOI: https://doi.org/10.1002/srin.199101321.

139. Riedner, S.: Höchstfeste nichtrostende austenitische CrMn-Stähle mit (C+N). Dissertation (2010), Bochum. URN: urn:nbn:de:hbz:294–30181.

140. Gavriljuk, V. G.; Berns, H.: High Nitrogen Steels (1999). Springer Berlin Heidelberg, ISBN 978–3–662–03760–7 (1999). DOI: https://doi.org/10.1007/978-3-662-03760-7.

141. Ustinovshikov, Y.; Ruts, A.; Bannykh, O.; Blinov, V.; Kostina, M.: Microstructure and properties of the high-nitrogen Fe–Cr austenite. Materials Science and Engineering: A 262 (1-2) (1999), 82-87. DOI: https://doi.org/10.1016/S0921-5093(98)01015-6.

142. Menzel, J.; Kirschner, W.; Stein, G.: High nitrogen steels. High nitrogen containing Ni-free austenitic steels for medical applications. ISIJ International 36 (7) (1996), 893–900. DOI: https://doi.org/10.2355/isijinternational.36.893.

143. Speidel, M. O.: Nitrogen containing austenitic stainless steels. Mat.-wiss. u. Werkstofftech. 37 (10) (2006), 875-880. DOI: https://doi.org/10.1002/mawe.200600068.

144. Diener, M.; Speidel, M. O.: Fatigue and corrosion fatigue of high-nitrogen austenitic stainless steel. Materials and Manufacturing Processes 19 (1) (2004), 111-115. DOI: https://doi.org/10.1081/AMP-120027519.

145. Nyström, M.; Lindstedt, U.; Karlsson, B.; Nilsson, J.-O.: Influence of nitrogen and grain size on deformation behaviour of austenitic stainless steels. Materials Science and Technology 13 (7) (1997), 560-567. DOI: https://doi.org/10.1179/mst.1997.13.7.560.

146. Hänninen, H.; Romu, J.; Ilola, R.; Tervo, J.; Laitinen, A.: Effects of processing and manufacturing of high nitrogen-containing stainless steels on their mechanical, corrosion and wear properties. Journal of Materials Processing Technology 117 (3) (2001), 424-430. DOI: https://doi.org/10.1016/S0924-0136(01)00804-4.

147. Werner, E.: Solid solution and grain size hardening of nitrogen-alloyed austenitic steels. Materials Science and Engineering: A 101 (1988), 93-98. DOI: https://doi.org/10.1016/0921-5093(88)90054-8.

148. Babu, M. N.; Dutt, B. S.; Venugopal, S.; Sasikala, G.; Albert, S. K.; Bhaduri, A. K.; Jayakumar, T.: Fatigue crack growth behavior of 316LN stainless steel with different nitrogen contents. Procedia Engineering 55 (2013), 716-721. DOI: https://doi.org/10.1016/j.proeng.2013.03.320.

149. Nani Babu, M.; Sasikala, G.; Sadananda, K.: Effect of nitrogen on the fatigue crack growth behavior of 316L austenitic stainless steels. Metall and Mat Trans A 50 (7) (2019), 3091-3105. DOI: https://doi.org/10.1007/s11661-019-05225-w.

150. Maeng, W.-Y.; Kim, M.-H.: Comparative study on the fatigue crack growth behavior of 316L and 316LN stainless steels: effect of microstructure of cyclic plastic strain zone at crack tip. Journal of Nuclear Materials 282 (1) (2000), 32-39. DOI: https://doi.org/10.1016/S0022-3115(00)00401-3.

151. Gavriljuk, V. G.: High nitrogen steels. Nitrogen in iron and steel. ISIJ International 36 (7) (1996), 738–745. DOI: https://doi.org/10.2355/isijinternational.36.738.

152. Jargelius-Pettersson, R.: Electrochemical investigation of the influence of nitrogen alloying on pitting corrosion of austenitic stainless steels. Corrosion Science 41 (8) (1999), 1639-1664. DOI: https://doi.org/10.1016/S0010-938X(99)00013-X.

153. Bayoumi, F. M.; Ghanem, W. A.: Effect of nitrogen on the corrosion behavior of austenitic stainless steel in chloride solutions. Materials Letters 59 (26) (2005), 3311-3314. DOI: https://doi.org/10.1016/j.matlet.2005.05.063.

154. Zhang, X.; Zhou, Q.; Wang, K.; Peng, Y.; Ding, J.; Kong, J.; Williams, S.: Study on microstructure and tensile properties of high nitrogen Cr-Mn steel processed by CMT wire and arc additive manufacturing. Materials & Design 166 (2019), 107611. DOI: https://doi.org/10.1016/j.matdes.2019.107611.

155. Reunova, K. A.; Astafurova, E. G.; Astafurov, S. V.; Melnikov, E. V.; Panchenko, M. Y.; Moskvina, V. A.; Maier, G. G.; Rubtsov, V. E.; Kolubaev, E. A.: Microstructure

and phase composition of vanadium-alloyed high-nitrogen steel fabricated by additive manufacturing. In: Proceedings of the international conference on physical mesomechanics. Materials with multilevel hierarchical structure and intelligent manufacturing technology. Tomsk, Russia, 5–9 October 2020: AIP Publishing (AIP Conference Proceedings 2310), 020276 (2020).

156. Boes, J.; Röttger, A.; Theisen, W.; Cui, C.; Uhlenwinkel, V.; Schulz, A.; Zoch, H.-W.; Stern, F.; Tenkamp, J.; Walther, F.: Gas atomization and laser additive manufacturing of nitrogen-alloyed martensitic stainless steel. Additive Manufacturing 34 (2020), 101379. DOI: https://doi.org/10.1016/j.addma.2020.101379.

157. Springer, H.; Baron, C.; Szczepaniak, A.; Jägle, E. A.; Wilms, M. B.; Weisheit, A.; Raabe, D.: Efficient additive manufacturing production of oxide- and nitride-dispersion-strengthened materials through atmospheric reactions in liquid metal deposition. Materials & Design 111 (2016), 60-69. DOI: https://doi.org/10.1016/j.matdes.2016.08.084.

158. Cui, C.; Uhlenwinkel, V.; Schulz, A.; Zoch, H.-W.: Austenitic stainless steel powders with increased nitrogen content for laser additive manufacturing. Metals 10 (1) (2020), 61. DOI: https://doi.org/10.3390/met10010061.

159. Boes, J.; Röttger, A.; Becker, L.; Theisen, W.: Processing of gas-nitrided AISI 316L steel powder by laser powder bed fusion – Microstructure and properties. Additive Manufacturing 30 (2019), 100836. DOI: https://doi.org/10.1016/j.addma.2019.100836.

160. Valente, E. H.; Nadimpalli, V. K.; Christiansen, T. L.; Pedersen, D. B.; Somers, M. A.: In-situ interstitial alloying during laser powder bed fusion of AISI 316 for superior corrosion resistance. Additive Manufacturing Letters 1 (2021), 100006. DOI: https://doi.org/10.1016/j.addlet.2021.100006.

161. ASTM F138-19: Specification for wrought 18Chromium-14Nickel-2.5Molybdenum stainless steel bar and wire for surgical implants (UNS S31673). DOI: https://doi.org/10.1520/F0138-19.

162. EOS GmbH (2021): EOS StainlessSteel 316L for EOS M290, EOS M 30 0-4 and EOS M 400-4 Krailing/Munich. Online verfügbar unter https://www.eos.info/03_sys tem-related-assets/material-related-contents/metal-materials-and-examples/metal-mat erial-datasheet/stainlesssteel/material_datasheet_eos_stainlesssteel_316l_en_web.pdf, zuletzt geprüft am 22.08.2022.

163. Stern, F.; Becker, L.; Cui, C.; Tenkamp, J.; Uhlenwinkel, V.; Steinbacher, M.; Boes, J.; Lentz, J.; Fechte-Heinen, R.; Weber, S.; Walther, F.: Improving the defect tolerance of PBF-LB/M processed 316L steel by increasing the nitrogen content. Adv. Eng. Mater. (2022), 2200751. DOI: https://doi.org/10.1002/adem.202200751.

164. Kotzem, D.; Kleszczynski, S.; Stern, F.; Elspaß, A.; Tenkamp, J.; Witt, G.; Walther, F.: Impact of single structural voids on fatigue properties of AISI 316L manufactured by laser powder bed fusion. International Journal of Fatigue 148 (2021), 106207. DOI: https://doi.org/10.1016/j.ijfatigue.2021.106207.

165. DIN EN ISO 6507-1:2018-07, Metallische Werkstoffe – Härteprüfung nach Vickers – Teil 1: Prüfverfahren (ISO 6507-1:2018); Deutsche Fassung EN ISO 6507-1:2018. DOI: https://doi.org/10.31030/2778746.

166. Dewulf, W.; Tan, Y.; Kiekens, K.: Sense and non-sense of beam hardening correction in CT metrology. CIRP Annals 61 (1) (2012), 495-498. DOI: https://doi.org/10.1016/j.cirp.2012.03.013.

167. Ziółkowski, G.; Chlebus, E.; Szymczyk, P.; Kurzac, J.: Application of X-ray CT method for discontinuity and porosity detection in 316L stainless steel parts produced with SLM technology. Archives of Civil and Mechanical Engineering 14 (4) (2014), 608-614. DOI: https://doi.org/10.1016/j.acme.2014.02.003.

168. Klein, M.: Mikrostrukturbasierte Bewertung des Korrosionsermüdungsverhaltens der Magnesiumlegierungen DieMag422 und AE42. Dissertation (2018), Dortmund. Springer Fachmedien Wiesbaden, ISBN 978-3-658-25309-7. DOI: https://doi.org/10.1007/978-3-658-25310-3.

169. Schmiedt-Kalenborn, A.: Mikrostrukturbasierte Charakterisierung des Ermüdungs- und Korrosionsermüdungsverhaltens von Lötverbindungen des Austenits X2CrNi18-9 mit Nickel- und Goldbasislot. Dissertation (2020), Dortmund. Springer Fachmedien Wiesbaden, ISBN 978-3-658-30104-0. DOI: https://doi.org/10.1007/978-3-658-30105-7.

170. Di Wang; Yang, Y.; Yi, Z.; Su, X.: Research on the fabricating quality optimization of the overhanging surface in SLM process. Int J Adv Manuf Technol 65 (9–12) (2013), 1471–1484. DOI: https://doi.org/10.1007/s00170-012-4271-4.

171. Andreau, O.; Pessard, E.; Koutiri, I.; Peyre, P.; Saintier, N.: Influence of the position and size of various deterministic defects on the high cycle fatigue resistance of a 316L steel manufactured by laser powder bed fusion. International Journal of Fatigue 143 (2021), 105930. DOI: https://doi.org/10.1016/j.ijfatigue.2020.105930.

172. Bonneric, M.; Brugger, C.; Saintier, N.; Moreno, A. C.; Tranchand, B.: Contribution of the introduction of artificial defects by additive manufacturing to the determination of the Kitagawa diagram of Al-Si alloys. Procedia Structural Integrity 38 (2022), 141-148. DOI: https://doi.org/10.1016/j.prostr.2022.03.015.

173. Du Plessis, A.; Yadroitsev, I.; Yadroitsava, I.; Le Roux, S. G.: X-Ray Microcomputed tomography in additive manufacturing: A review of the current technology and applications. 3D Printing and Additive Manufacturing 5 (3) (2018), 227–247. DOI: https://doi.org/10.1089/3dp.2018.0060.

174. Blinn, B.; Klein, M.; Gläßner, C.; Smaga, M.; Aurich, J.; Beck, T.: An investigation of the microstructure and fatigue behavior of additively manufactured AISI 316L stainless steel with regard to the influence of heat treatment. Metals 8 (4) (2018), 220. DOI: https://doi.org/10.3390/met8040220.

175. Murakami, Y.; Takagi, T.; Wada, K.; Matsunaga, H.: Essential structure of S-N curve: Prediction of fatigue life and fatigue limit of defective materials and nature of scatter. International Journal of Fatigue 146 (2021), 106138. DOI: https://doi.org/10.1016/j.ijfatigue.2020.106138.

176. Ralf, P. A.; Wenzl, J.-P.; Lindecke, P.; Emmelmann, C.: FE-Simulation of the influence by material defects on the endurance of additive built metal parts. Procedia CIRP 94 (2020), 378-382. DOI: https://doi.org/10.1016/j.procir.2020.09.149.

177. Zhang, M.; Sun, C.-N.; Zhang, X.; Goh, P. C.; Wie, J.; Li, H.; Hardacre, D.: Competing influence of porosity and microstructure on the fatigue property of laser powder bed fusion stainless steel 316L. In: Solid Freeform Fabrication 2017: Proceedings of

the 28th Annual International Solid Freeform Fabrication Symposium – An Additive Manufacturing Conference. Austin, Texas, USA, 7–9 August 2017. 365–376.

178. Zhang, M.; Sun, C.-N.; Zhang, X.; Wei, J.; Hardacre, D.; Li, H.: Predictive models for fatigue property of laser powder bed fusion stainless steel 316L. Materials & Design 145 (2018), 42-54. DOI: https://doi.org/10.1016/j.matdes.2018.02.054.

179. Polák, J.; Mazánová, V.; Heczko, M.; Kuběna, I.; Man, J.: Profiles of persistent slip markings and internal structure of underlying persistent slip bands. Fatigue Fract Engng Mater Struct 40 (7) (2017), 1101-1116. DOI: https://doi.org/10.1111/ffe.12567.

180. Mughrabi, H.: Cyclic slip irreversibilities and the evolution of fatigue damage. Metall and Mat Trans A 40 (6) (2009), 1257-1279. DOI: https://doi.org/10.1007/s11661-009-9839-8.

181. Guerchais, R.; Morel, F.; Saintier, N.; Robert, C.: Influence of the microstructure and voids on the high-cycle fatigue strength of 316L stainless steel under multiaxial loading. Fatigue Fract Engng Mater Struct 38 (9) (2015), 1087-1104. DOI: https://doi.org/10.1111/ffe.12304.

182. Suryawanshi, J.; Prashanth, K. G.; Ramamurty, U.: Mechanical behavior of selective laser melted 316L stainless steel. Materials Science and Engineering: A 696 (2017), 113-121. DOI: https://doi.org/10.1016/j.msea.2017.04.058.

183. Fergani, O.; Bratli Wold, A.; Berto, F.; Brotan, V.; Bambach, M.: Study of the effect of heat treatment on fatigue crack growth behaviour of 316L stainless steel produced by selective laser melting. Fatigue Fract Eng Mater Struct 41 (5) (2018), 1102-1119. DOI: https://doi.org/10.1111/ffe.12755.

184. Majzoobi, G. H.; Daemi, N.: The effects of notch geometry on fatigue life using notch sensitivity factor. Trans Indian Inst Met 63 (2-3) (2010), 547-552. DOI: https://doi.org/10.1007/s12666-010-0080-3.

185. Gong, H.: Generation and detection of defects in metallic parts fabricated by selective laser melting and electron beam melting and their effects on mechanical properties. Dissertation (2013), Louisville, USA. DOI: https://doi.org/10.18297/etd/515.

186. Bonneric, M.; Brugger, C.; Saintier, N.: Defect sensitivity in additively manufactured aluminium alloys: contribution of CAD artificial defects. MATEC Web Conf. 300 (2019), 3006. DOI: https://doi.org/10.1051/matecconf/201930003006.

187. Kelestemur, M.; Chaki, T.: The effect of various atmospheres on the threshold fatigue crack growth behavior of AISI 304 stainless steel. International Journal of Fatigue 23 (2) (2001), 169-174. DOI: https://doi.org/10.1016/S0142-1123(00)00088-8.

188. Jesus, J. de; Borges, M.; Antunes, F.; Ferreira, J.; Reis, L.; Capela, C.: A novel specimen produced by additive manufacturing for pure plane strain fatigue crack growth studies. Metals 11 (3) (2021), 433. DOI: https://doi.org/10.3390/met11030433.

189. Serrano-Munoz, I.; Buffiere, J.-Y.; Mokso, R.; Verdu, C.; Nadot, Y.: Location, location &size: defects close to surfaces dominate fatigue crack initiation. Scientific reports 7 (2017), 45239. DOI: https://doi.org/10.1038/srep45239.

190. Murakami, Y.: Effects of small defects and nonmetallic inclusions on the fatigue strength of metals. JSME international journal. Ser. 1, Solid mechanics, strength of materials 32 (2) (1989), 167–180. DOI: https://doi.org/10.1299/jsmea1988.32.2_167.

191. Duan, QQ; Pang, JC; Zhang, P; Li, SX; Zhang, ZF: Quantitative relations between S-N curve parameters and tensile strength for two steels: AISI 4340 and SCM 435. Res. Rev. J Mat. Sci 06 (01) (2018). DOI: https://doi.org/10.4172/2321-6212.1000207.

192. Sakai, T.; Lian, B.; Takeda, M.; Shiozawa, K.; Oguma, N.; Ochi, Y.; Nakajima, M.; Nakamura, T.: Statistical duplex S–N characteristics of high carbon chromium bearing steel in rotating bending in very high cycle regime. International Journal of Fatigue 32 (3) (2010), 497-504. DOI: https://doi.org/10.1016/j.ijfatigue.2009.08.001.

193. Shiozawa, K.; Lu, L.; Ishihara, S.: S-N curve characteristics and subsurface crack initiation behaviour in ultra-long life fatigue of a high carbon-chromium bearing steel. Fatigue & Fracture of Engineering Materials & Structures 24 (12) (2001), 781-790. DOI: https://doi.org/10.1046/j.1460-2695.2001.00459.x.

194. Li, W.; Deng, H.; Sun, Z.; Zhang, Z.; Lu, L.; Sakai, T.: Subsurface inclusion-induced crack nucleation and growth behaviors of high strength steels under very high cycle fatigue: Characterization and microstructure-based modeling. Materials Science and Engineering: A 641 (2015), 10-20. DOI: https://doi.org/10.1016/j.msea.2015.06.037.

195. Teschke, M.; Moritz, J.; Tenkamp, J.; Marquardt, A.; Leyens, C.; Walther, F.: Defect-based characterization of the fatigue behavior of additively manufactured titanium aluminides. International Journal of Fatigue (2022), 107047. DOI: https://doi.org/10.1016/j.ijfatigue.2022.107047.

196. Grad, P.; Kerscher, E.: Reason for the transition of fatigue crack initiation site from surface to subsurface inclusions in high-strength steels. Fatigue Fract Engng Mater Struct 40 (11) (2017), 1718-1730. DOI: https://doi.org/10.1111/ffe.12635.

197. Pauzon, C.; Hryha, E.; Forêt, P.; Nyborg, L.: Effect of argon and nitrogen atmospheres on the properties of stainless steel 316 L parts produced by laser-powder bed fusion. Materials & Design 179 (2019), 107873. DOI: https://doi.org/10.1016/j.matdes.2019.107873.

198. Qiu, C.; Kindi, M. A.; Aladawi, A. S.; Hatmi, I. A.: A comprehensive study on microstructure and tensile behaviour of a selectively laser melted stainless steel. Scientific reports 8 (1) (2018), 7785. DOI: https://doi.org/10.1038/s41598-018-26136-7.

199. Nadammal, N.; Mishurova, T.; Fritsch, T.; Serrano-Munoz, I.; Kromm, A.; Haberland, C.; Portella, P. D.; Bruno, G.: Critical role of scan strategies on the development of microstructure, texture, and residual stresses during laser powder bed fusion additive manufacturing. Additive Manufacturing 38 (2021), 101792. DOI: https://doi.org/10.1016/j.addma.2020.101792.

200. Godec, M.; Zaefferer, S.; Podgornik, B.; Šinko, M.; Tchernychova, E.: Quantitative multiscale correlative microstructure analysis of additive manufacturing of stainless steel 316L processed by selective laser melting. Materials Characterization 160 (2020), 110074. DOI: https://doi.org/10.1016/j.matchar.2019.110074.

201. Rajendran, P.; Devaraju, A.: Experimental evaluation of mechanical and tribological behaviours of gas nitride treated AISI 316LN austenitic stainless steel. Materials Today: Proceedings 5 (6) (2018), 14333-14338. DOI: https://doi.org/10.1016/j.matpr.2018.03.016.

202. Sireesha, M.; Albert, S. K.; Shankar, V.; Sundaresan, S.: A comparative evaluation of welding consumables for dissimilar welds between 316LN austenitic stainless steel and Alloy 800. Journal of Nuclear Materials 279 (1) (2000), 65-76. DOI: https://doi.org/10.1016/S0022-3115(99)00275-5.

203. Kasperovich, G.; Haubrich, J.; Gussone, J.; Requena, G.: Correlation between porosity and processing parameters in TiAl6V4 produced by selective laser melting. Materials & Design 105 (2016), 160-170. DOI: https://doi.org/10.1016/j.matdes.2016.05.070.

204. Snell, R.; Tammas-Williams, S.; Chechik, L.; Lyle, A.; Hernández-Nava, E.; Boig, C.; Panoutsos, G.; Todd, I.: Methods for rapid pore classification in metal additive manufacturing. JOM 72 (1) (2020), 101-109. DOI: https://doi.org/10.1007/s11837-019-037 61-9.

205. Anwar, A. B.; Pham, Q.-C.: Selective laser melting of AlSi10Mg: Effects of scan direction, part placement and inert gas flow velocity on tensile strength. Journal of Materials Processing Technology 240 (2017), 388-396. DOI: https://doi.org/10.1016/j.jmatprotec.2016.10.015.

206. Antunes, F. V.; Borges, M. F.; Prates, P.; Branco, R.; Oliveira, M.: Effect of yield stress on fatigue crack growth. Frattura ed Integrità Strutturale 13 (50) (2019), 9-19. DOI: https://doi.org/10.3221/IGF-ESIS.50.02.

207. Puchi-Cabrear, E.; Staia, M.; Tovar, C.; Ochoa-Pérez, E.: High cycle fatigue behavior of 316L stainless steel. International Journal of Fatigue 30 (12) (2008), 2140-2146. DOI: https://doi.org/10.1016/j.ijfatigue.2008.05.018.

208. Wang, Z.; Yang, S.; Huang, Y.; Fan, C.; Peng, Z.; Gao, Z.: Microstructure and fatigue damage of 316L stainless steel manufactured by selective laser melting (SLM). Materials (Basel, Switzerland) 14 (24) (2021). DOI: https://doi.org/10.3390/ma14247544.

209. Strizak, J. P.; Tian, H.; Liaw, P. K.; Mansur, L. K.: Fatigue properties of type 316LN stainless steel in air and mercury. Journal of Nuclear Materials 343 (1-3) (2005), 134-144. DOI: https://doi.org/10.1016/j.jnucmat.2005.03.019.

210. Tian, H.: Effects of environment and frequency on the fatigue behavior of the spallation neutron source (SNS) target container material – 316 LN stainless steel. Dissertation (2003), Knoxville, Tennesse, USA. Online verfügbar unter: https://trace.tennessee.edu/utk_graddiss/2363, zuletzt geprüft am 22.08.2022.

211. Poonguzhali, A.; Ningshen, S.; Amarendra, G.: Corrosion fatigue crack initiation of type 316N weldment under the influence of cyclic stress amplitude. Met. Mater. Int. 26 (10) (2020), 1545-1554. DOI: https://doi.org/10.1007/s12540-019-00408-x.

212. Palin-Luc, T.; Pérez-Mora, R.; Bathias, C.; Domínguez, G.; Paris, P. C.; Arana, J. L.: Fatigue crack initiation and growth on a steel in the very high cycle regime with sea water corrosion. Engineering Fracture Mechanics 77 (11) (2010), 1953-1962. DOI: https://doi.org/10.1016/j.engfracmech.2010.02.015.

213. Nazarov, A.; Vivier, V.; Vucko, F.; Thierry, D.: Effect of tensile stress on the passivity breakdown and repassivation of AISI 304 stainless steel: A scanning Kelvin probe and scanning electrochemical microscopy study. J. Electrochem. Soc. 166 (11) (2019), C3207-C3219. DOI: https://doi.org/10.1149/2.0251911jes.

214. Schmiedt-Kalenborn, A.; Lingnau, L. A.; Manka, M.; Tillmann, W.; Walther, F.: Fatigue and corrosion fatigue behaviour of brazed stainless steel joints AISI 304L/BAu-4 in synthetic exhaust gas condensate. Materials 12 (7) (2019). DOI: https://doi.org/10.3390/ma12071040.

215. Toppo, A.; Shankar, V.; George, R. P.; Philip, J.: Effect of nitrogen on the intergranular stress corrosion cracking resistance of 316LN stainless steel. CORROSION 76 (6) (2020), 591-600. DOI: https://doi.org/10.5006/3417.

216. El May, M.; Saintier, N.; Palin-Luc, T.; Devos, O.; Brucelle, O.: Modelling of corrosion fatigue crack initiation on martensitic stainless steel in high cycle fatigue regime. Corrosion Science 133 (2018), 397-405. DOI: https://doi.org/10.1016/j.corsci.2018.01.034.

217. Mazánová, V.; Polák, J.: Initiation and growth of short fatigue cracks in austenitic Sani-cro 25 steel. Fatigue Fract Eng Mater Struct 41 (7) (2018), 1529-1545. DOI: https://doi.org/10.1111/ffe.12794.

218. Man, J.; Obrtlík, K.; Polák, J.: Study of surface relief evolution in fatigued 316L auste-nitic stainless steel by AFM. Materials Science and Engineering: A 351 (1–2) (2003), 123–132. DOI: https://doi.org/10.1016/S0921-5093(02)00846-8.

219. Zhang, M.; Sun, C.-N.; Zhang, X.; Wei, J.; Hardacre, D.; Li, H.: High cycle fatigue and ratcheting interaction of laser powder bed fusion stainless steel 316L: Fracture behaviour and stress-based modelling. International Journal of Fatigue 121 (2019), 252-264. DOI: https://doi.org/10.1016/j.ijfatigue.2018.12.016.

220. Chambreuil-Paret, A.; Chateau, J. P.; Magnin, T.: Influence of the slip conditions on the stress corrosion cracking microprocesses in FCC materials. Scripta Materialia 37 (9) (1997), 1337-1343. DOI: https://doi.org/10.1016/S1359-6462(97)00254-6.

221. Petit, J.; Fouquet, J. de; Henaff, G. (1994): Influence of ambient atmosphere on fatigue crack growth behaviour of metals. In: Handbook of Fatigue Crack Propagation in Metallic Structures. Elsevier, 1159–1203.

222. Lou, X.; Othon, M. A.; Rebak, R. B.: Corrosion fatigue crack growth of laser additively-manufactured 316L stainless steel in high temperature water. Corrosion Science 127 (2017), 120-130. DOI: https://doi.org/10.1016/j.corsci.2017.08.023.

223. Shaikh, H.; Poonguzhali, A.; Sivaibharasi, N.; Dayal, R. K.; Khatak, H. S.: Corrosion Fatigue of AISI Type 316LN Stainless Steel and Its Weld Metal. CORROSION 65 (1) (2009), 37-48. DOI: https://doi.org/10.5006/1.3319112.

224. Melia, M. A.; Nguyen, H.-D. A.; Rodelas, J. M.; Schindelholz, E. J.: Corrosion pro-perties of 304L stainless steel made by directed energy deposition additive manufactu-ring. Corrosion Science 152 (2019), 20-30. DOI: https://doi.org/10.1016/j.corsci.2019.02.029.

225. Esposito, F.; Gatto, A.; Bassoli, E.; Denti, L.: A Study on the use of XCT and FEA to predict the elastic behavior of additively manufactured parts of cylindrical geome-try. J Nondestruct Eval 37 (4) (2018), 1147. DOI: https://doi.org/10.1007/s10921-018-0525-x.

226. Weldon, L. M.; McHugh, P. E.; Carroll, W.; Costello, E.; O'Bradaigh, C.: The influence of passivation and electropolishing on the performance of medical grade stainless steels in static and fatigue loading. Journal of materials science. Materials in medicine 16 (2) (2005), 107–117. DOI: https://doi.org/10.1007/s10856-005-5922-x.

227. Toribio, J.; Matos, J.-C.; González, B.: Corrosion-fatigue crack growth in plates: A model based on the Paris law. Materials 10 (4) (2017). DOI: https://doi.org/10.3390/ma10040439.

228. Tseng, C.-M.; Liou, H.-Y.; Tsai, W.-T.: The influence of nitrogen content on corrosion fatigue crack growth behavior of duplex stainless steel. Materials Science and Enginee-ring: A 344 (1-2) (2003), 190-200. DOI: https://doi.org/10.1016/S0921-5093(02)00404-5.

229. Grabke, H. J.: High nitrogen steels. The role of nitrogen in the corrosion of iron and steels. ISIJ International 36 (7) (1996), 777–786. DOI: https://doi.org/10.2355/isijinternational.36.777.

230. Smith, T. J.; Staehle, R. W.: Role of slip step emergence in the early stages of stress corrosion cracking in face centered iron-nickel-chromium alloys. CORROSION 23 (5) (1967), 117-129. DOI: https://doi.org/10.5006/0010-9312-23.5.117.

231. Alvarez, S. M.; Bautista, A.; Velasco, F.: Influence of strain-induced martensite in the anodic dissolution of austenitic stainless steels in acid medium. Corrosion Science 69 (2013), 130-138. DOI: https://doi.org/10.1016/j.corsci.2012.11.033.

232. Gumbel, E. J.: Statistics of extremes. Columbia University Press, ISBN 9780231891318 (1958). DOI: https://doi.org/10.7312/gumb92958.

233. Tiryakioğlu, M.: On the relationship between statistical distributions of defect size and fatigue life in 7050-T7451 thick plate and A356-T6 castings. Materials Science and Engineering: A 520 (1-2) (2009), 114-120. DOI: https://doi.org/10.1016/j.msea.2009.05.005.

Printed in the United States
by Baker & Taylor Publisher Services